全国高职高专教育土建类专业教学指导委员会规划推荐教材

建 筑 弱 电 技 术

(建筑电气工程技术专业适用)

本教材编审委员会组织编写
刘复欣 主 编
刘昌明 副主编
黄 河 主 审

中国建筑工业出版社

图书在版编目（CIP）数据

建筑弱电技术/刘复欣主编．—北京：中国建筑工业出版社，2005
全国高职高专教育土建类专业教学指导委员会规划推荐教材
ISBN 978-7-112-06953-8

Ⅰ．建… Ⅱ．刘… Ⅲ．建筑安装工程-电气设备-高等学校：技术学校-教材　Ⅳ．TU85

中国版本图书馆 CIP 数据核字（2005）第 014636 号

全国高职高专教育土建类专业教学指导委员会规划推荐教材
建筑弱电技术
（建筑电气工程技术专业适用）
本教材编审委员会组织编写
刘复欣　主　编
刘昌明　副主编
黄　河　主　审

*

中国建筑工业出版社出版、发行（北京西郊百万庄）
各地新华书店、建筑书店经销
廊坊市海涛印刷有限公司印刷

*

开本：787×1092 毫米　1/16　印张：9¼　字数：220 千字
2005 年 3 月第一版　2018 年 9 月第九次印刷
定价：**14.00 元**
ISBN 978-7-112-06953-8
（12907）

版权所有　翻印必究
如有印装质量问题，可寄本社退换
（邮政编码 100037）

本书是全国高职高专教育土建类专业教学指导委员会规划推荐教材。全书主要内容有:有线通信系统,无线通信系统,共用天线电视和卫星电视接收,建筑物内的扩声和音响系统,其他弱电系统等。

本书可供高职院校建筑电气工程技术等专业的师生使用外,还可供相关技术人员参考。

责任编辑:齐庆梅　朱首明
责任设计:刘向阳
责任校对:王雪竹　张　虹

本教材编审委员会名单

主　任：刘春泽

副主任：贺俊杰　张　健

委　员：陈思仿　范柳先　孙景芝　刘　玲　蔡可键

　　　　蒋志良　贾永康　王青山　胡晓元　刘复欣

　　　　韩永学　郑发泰　沈瑞珠　黄　河　尹秀妍

序　言

全国高职高专教育土建类专业教学指导委员会建筑设备类专业指导分委员会（原名"高等学校土建学科教学指导委员会高等职业教育专业委员会水暖电类专业指导小组"）是建设部受教育部委托，并由建设部聘任和管理的专家机构。其主要工作任务是，研究建筑设备类高职高专教育的专业发展方向、专业设置和教育教学改革；按照以能力为本位的教学指导思想，围绕职业岗位范围、知识结构、能力结构、业务规格和素质要求，组织制定并及时修订各专业培养目标、专业教育标准和专业培养方案；组织编写主干课程的教学大纲，以指导全国高职高专院校规范建筑设备类专业办学，达到专业基本标准要求；研究建筑设备类高职高专教材建设，组织教材编审工作；制定专业教育评估标准，协调配合专业教育评估工作的开展；组织开展教学研究活动，构建理论与实践紧密结合的教学内容体系，构筑"校企合作、产学研结合"的人才培养模式，为我国建设事业的健康发展提供智力支持。

在建设部人事教育司和全国高职高专教育土建类专业教学指导委员会的领导下，2002年以来，全国高职高专教育土建类专业教学指导委员会建筑设备类专业指导分委员会的工作取得了多项成果，编制了建筑设备类高职高专教育指导性专业目录；制定了"供热通风与空调工程技术"、"建筑电气工程技术"、"给水排水工程技术"等专业的教育标准、人才培养方案、主干课程教学大纲、教材编审原则，深入研究了建筑设备类专业人才培养模式。

为适应高职高专教育人才培养模式，使毕业生成为具备本专业必需的文化基础、专业理论知识和专业技能、能胜任建筑设备类专业设计、施工、监理、运行及物业设施管理的高等技术应用性人才，全国高职高专教育土建类专业教学指导委员会建筑设备类专业指导分委员会，在总结近几年高职高专教育教学改革与实践经验的基础上，通过开发新课程，整合原有课程，更新课程内容，构建了新的课程体系，并于2004年启动了"供热通风与空调工程技术"、"建筑电气工程技术"、"给水排水工程技术"三个专业主干课程的教材编写工作。

这套教材的编写坚持贯彻以全面素质为基础，以能力为本位，以实用为主导的指导思想。注意反映国内外最新技术和研究成果，突出高等职业教育的特点，并及时与我国最新技术标准和行业规范相结合，充分体现其先进性、创新性、适用性。它是我国近年来工程技术应用研究和教学工作实践的科学总结，本套教材的使用将会进一步推动建筑设备类专业的建设与发展。

"供热通风与空调工程技术"、"建筑电气工程技术"、"给水排水工程技术"三个专业教材的编写工作得到了教育部、建设部相关部门的支持，在全国高职高专教育土建类专业教学指导委员会的领导下，聘请全国高职高专院校本专业享有盛誉、多年从事"供热通风与空调工程技术"、"建筑电气工程技术"、"给水排水工程技术"专业教学、科研、设计的副教授以上的专家担任主编和主审,同时吸收工程一线具有丰富实践经验的高级工程师及优秀中青年教师参加编写。可以说,该系列教材的出版凝聚了全国各高职高专院校"供热通风与空调工程技术"、"建筑电气工程技术"、"给水排水工程技术"三个专业同行的心血,也是他们多年来教学工作的结晶和精诚协作的体现。

各门教材的主编和主审在教材编写过程中认真负责,工作严谨,值此教材出版之际,全国高职高专教育土建类专业教学指导委员会建筑设备类专业指导分委员会谨向他们致以崇高的敬意。此外,对大力支持这套教材出版的中国建筑工业出版社表示衷心的感谢,向在编写、审稿、出版过程中给予关心和帮助的单位和同仁致以诚挚的谢意。衷心希望"供热通风与空调工程技术"、"建筑电气工程技术"、"给水排水工程技术"这三个专业教材的面世,能够受到各高职高专院校和从事本专业工程技术人员的欢迎,能够对高职高专教学改革以及高职高专教育的发展起到积极的推动作用。

全国高职高专教育土建类专业教学指导委员会
建筑设备类专业指导分委员会
2004 年 9 月

前 言

本教材是根据《高等职业教育建筑电气工程技术专业教育标准和培养方案及主干课程教学大纲》而编写的。本书除可作为建筑类高等职业教育建筑电气工程技术专业系列教材之一，还可供从事建筑电气专业设计、施工和管理的人员使用。

本书总教学时数为45学时。共分为五章，第一章、第二章由沈阳建筑大学职业技术学院张铁东同志、范蕴秋同志编写，第三章由四川建筑职业技术学院刘昌明同志编写，第四章、第五章由黑龙江建筑职业技术学院刘复欣同志编写。全书由刘复欣同志任主编、刘昌明同志任副主编、张铁东同志、范蕴秋同志参与编写。广东建设职业技术学院黄河同志对全书进行了审阅。

本教材以常用的各类建筑弱电系统为例，结合高等职业技术教育的特点，简单地讲述电话、信息通讯系统、共用电视天线系统、扩声系统、电化教学系统、会议系统、时钟系统、公共显示系统和呼叫系统等的组成和基本工作原理。对系统中所涉及理论性问题的讲解，以范围适度和浅显易懂为原则。而从工程实用性的角度出发，侧重讲解各类建筑弱电系统所具有的使用功能、特点和应用范围。并对各类系统中主要技术指标的具体内容进行进一步的讲解，对主要技术指标数值的范围和实际效果的关系进行分析。同时，讲述为了保证系统的正常工作，对其供电电源、接地等辅助条件的基本要求。

本书的宗旨，对于从事建筑弱电工程的技术工作人员来说，通过对本书的学习可以正确地选择、有效地使用各类建筑弱电系统。同时也对系统的运行、操作和维护奠定理论基础。

本书所涉及的内容均符合现行的国家标准和行业标准，列举的各种弱电系统有一定的参考使用价值，可供设计选用。书中涉及的技术和设备在偏重于可靠性和实用性外，还对一些新技术和新设备做了适当的介绍。

由于参加本书编写的人员水平和能力有限，书中定会出现不足之处，敬请各位读者批评指正。

目　录

第一章　有线通信系统 ·· 1
　第一节　程控数字用户交换机系统 ·· 1
　第二节　语音与传真服务系统 ·· 8
　第三节　电话机房 ··· 14
　第四节　可视电话系统 ··· 17
　第五节　电话会议 ··· 19
　第六节　调度电话系统 ··· 23
　本章小结 ·· 24
　复习思考题 ··· 25

第二章　无线通信系统 ·· 26
　第一节　区域数字无线电话系统 ··· 26
　第二节　卫星通信系统 ··· 27
　第三节　无线寻呼 ·· 32
　本章小结 ·· 34
　复习思考题 ··· 34

第三章　共用天线电视和卫星电视接收 ··· 35
　第一节　共用天线电视系统概述 ··· 35
　第二节　前端系统 ·· 44
　第三节　电视的干线传输系统 ·· 55
　第四节　用户分配系统 ··· 59
　第五节　卫星电视广播系统 ··· 68
　本章小结 ·· 73
　复习思考题 ··· 73

第四章　建筑物内的扩声和音响系统 ·· 75
　第一节　扩声系统 ·· 75
　第二节　扩声系统的设计 ··· 79
　第三节　扩声系统中设备布置及其线路 ·· 92
　第四节　扩声系统控制室、电源和接地 ·· 95
　第五节　音响广播系统 ··· 96
　第六节　同声传译系统和数字会议网络 ··· 102
　第七节　扩声系统和音响系统的工程应用举例 ·· 107
　第八节　卡拉OK和歌舞厅的音像系统 ·· 114
　本章小结 ·· 117

复习思考题·· 117
第五章　其他弱电系统··· 119
　第一节　声像节目制作和电化教学系统······································· 119
　第二节　呼应（叫）信号系统·· 127
　第三节　时钟和公共显示系统·· 130
　本章小结·· 136
　复习思考题·· 136
主要参考文献·· 137

第一章 有线通信系统

第一节 程控数字用户交换机系统

一、概述

程控数字用户交换机系统是采用现代数字交换技术、计算机通信技术、信息电子技术、微电子技术等先进技术，进行系统综合集成的高度模块化结构的集散系统。它不仅为智能建筑内部的工作人员提供常规的模拟通信手段，而且能满足用户对数据通信、计算机通信、窄带多媒体通信、宽带通信的要求，系统综合了脉冲编码调制（Pulse Code Modulation，PCM）、时分多路复用（Time Divide Multiplex，TDM）交换以及完全无阻塞结构等先进技术。

程控数字用户交换机系统主处理器大都采用16位到32位微处理机，主频高、时钟精度高、处理能力强、内存大、硬盘容量大、再启动时间短；系统采用多路总线控制方式，公共控制采用冗余配置方式工作，两套公共设备之间由双端随机存储单元进行数据交换，保证了当公用设备出现故障时，系统能自动切换，不致丢失实时数据；系统采用通用端口和模块化设计，使系统扩容升级方便可靠，其通用端口结构允许用户板、中继板和服务单元分子插入任何槽口中。

程控数字用户交换机系统具有极强的组网功能，可提供各种接口和信令，具有灵活的分机编码方案，以及预选、直达、迂回路由和优选服务等级等功能。

二、系统的构成及接口配置

（一）系统的结构图

系统的结构如图1-1所示。

（二）接口配置

接口单元插入接口机柜或机架，包含用户线、中继线及服务单元电路。

1. 模拟用户单元（Analogue Lines Unit，ALU）

分成基本单元、具备反极能力的单元、具备反极能力且提供12或16kHz计费脉冲信号的单元。这三种单元都支持维护人员通过线路测试管理软件进行外线测试，为用户提供DP/DTMF兼容的收号服务。

2. 数字用户单元（Digital Line Unit，DLU）

将内部脉冲编码调制（PCM）信号转换成能在标准电话双绞线上传输的信令格式。每个端口可传送16kbps的话音/数据，系统维护也可通过DLU与交换机连接。

3. 模拟中继单元（Analogue Trunk Unit，ATU）

提供与其他交换机的模拟中继线相连的接口，以下中继单元只能插入8单元接口背板中。

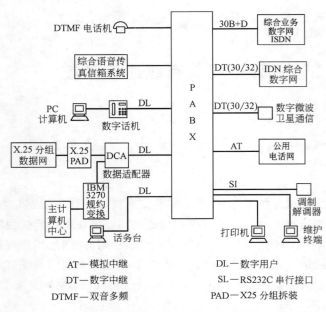

图 1-1 程控数字用户交换机系统的构成

（1）2线 E&M 中继单元。能够发送和接收 MF、DTMF、DP、MFC 格式的记发器信号。启动方式可以有闪烁启动、延时启动、拨号音启动、立即启动四种。中继信令类型有 Ⅰ 类和 Ⅳ 类 E&M 信号方式，阻抗有 600Ω 或 900Ω 两种。

（2）4线 E&M 中继单元。与 2线 E&M 的选择相同，只是采用 2 对线分别进行发送和接收。

（3）单频 2600Hz 中继单元（SF2600 单元）。单频 2600Hz 中继单元是 4 线接口，具有分开的接收音频线对和发送音频线对功能。SF2600 单元所提供的模拟接口支持 TOLL 和 SLM 线路信令协议，也支持多频脉冲（Multiple Frequency Pulse，MFP）和拨号脉冲记发器信令协议。每个端口包含一个忙或"C"引线驱动器。

（4）地/环路启动中继单元。该单元用于 PABX 与市话局之间的一般连接电路，具有故障自检功能，还具有铃流检测电路。每个单元有 8 个电路。

（5）直接拨入（DID）中继单元。拨号者可从公共电话网通过该单元直接拨 PABX 的分机用户，而无需话务员转接。该单元可接收脉冲与 DTMF 信号，能以即时、闪烁或延时启动方式工作，提供一个反极应答信号。每个单元有 8 个电路。

4. 数字中继单元（Digital Trunk Unit，DTU）

被设计成局间交换接口，支持北美和 ITU.T 标准。DTU 可被定义为基群速率 30B+D 接口，DTU 的信道可以被定义成 ISDN 用户话音/数据中继和七号信令（SS7）中继链路。

三、系统的中继方式

智能建筑程控数字用户交换机接入公用电话网进入市内电话局的中继接线，一般采用用户交换机的中继方式。

程控数字用户交换机接入公用电话网的中继方式可有多种，具体选择时应根据交换设图示容量的大小、与公用网话务密切程度、业务类型以及接口端局的设图示制式等因素综合考虑。

选择入网方式的原则是：有利于长远业务的发展，节约用户投资，提高接口端局和设备的利用率，保证信号传输指标等达到技术要求，保证全程全网通话质量。

用户交换机进入公用网的中断方式一般有以下几种：

(一) 全自动直拨中继方式

1. DOD_1＋DID 中继方式

DOD_1＋DID 中继方式，如图 1-2 所示。

当程控数字用户交换机的呼出话务量≥40Er1 时，宜采用直拨呼出中继方式，即直接向外拨号（DOD_1，Direct Outward Dialling-one）方式，1 为含有中听一次拨号音之意。当呼入话务量≥40Er1 时，宜采用直拨呼入中继方式，即直接向内拨号（DID，Direct Inward Dialling）方式。采用这种中继接入方式的用户单位相当于当地电话局中的一个电话支局，其各个分机用户的电话号码要纳入当地电话网的编号中。这种中继方式无论是呼出或呼入都是接到电话局的选组级上，并根据规定，在数字用户交换机和电话局相连的数字中继线路上要求使用中国 1 号信令方式。全自动接入方式的最大优点是为实现综合业务数字网打下了基础，为非语音业务通信创造了条件。

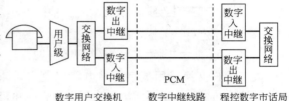

图 1-2　全自动直拨中继方式 DOD_1＋DID

2. DOD_2＋DID 中继方式

DOD_2＋DID 中继方式，如图 1-3 所示。

当程控用户交换机的呼出话务量＜40Er1 时，宜采用直拨呼出听二次拨号音中继方式，即 DOD_2（Direct Outward Dialing-two）方式，2 为听二次拨号音之意。呼出中，中继方式是接到电话局的用户电话而不是选组级上，所以出局呼叫要听二次拨号音（用户交换机通过机内设定的可以消除从电话局送来的二次拨号音）。呼入时仍采用 DID 方式。这种中继方式在出局呼叫公用电话网时要加拨一个字冠，一般都用"9"或"0"。

(二) 半自动中继方式

DOD_2＋BID 中继方式，如图 1-4 所示。

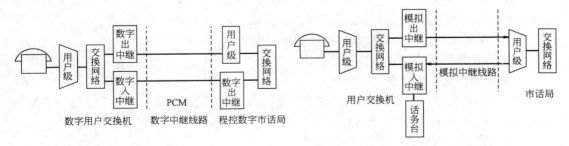

图 1-3　全自动直拨中继方式 DOD_2＋DID　　　　图 1-4　半自动中继方式 DOD_2＋BID

当程控数字用户交换机的呼出话务量是<40Er1时，采用DOD_2方式；当呼入话务量<40Er1时，宜采用半自动中继方式，即BID（BID, Board Inward Dialling）方式。中继方式的特点是，呼出时接入电话局的用户级，听二次拨音（现用户交换机在机内可消除从电话局送来的二次拨号音，直接加拨字冠号进入公用电话网）。呼入时经电话局的用户级接入到用户交换机的话务台上，由话务员转接至各分机（现用户交换机在机内可送出附加拨音号或语音提示以及附加电脑话务员来实现外线直接拨打被叫分机号码）。

（三）混合中继方式

$DOD_1+DID+BID$中继方式，如图1-5所示。

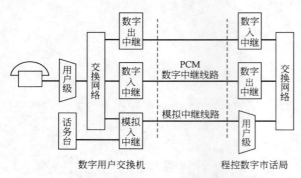

图1-5 混合中继方式 $DOD_1+DID+BID$

数字用户交换采用数字中继电路以全自动直拨方式（DOD_1+DID）为主，同时辅以半自动接入方式（BID），增加呼入的灵活性和可靠性。

四、系统的信号方式

1. 模拟信号方式

模拟信号方式是在连续的时间内对语音进行处理变为信号传送给对方，电话机的送话机就是对语音进行处理的设备。连续的时间内处理的信号称为连续的模拟信号，时间上不连续的称为离散的模拟信号。现在许多家庭使用的普通电话机就是模拟电话机，模拟电话机具有代表性的产品有拨号盘式电话机、按钮脉冲式电话机和双音多频式电话机。

2. 数字信号方式

数字信号是一种不连续变化的阶跃信号，数字电话机代表了有线电话的最高水平。数字电话机是ISDN最常用的一种终端，它不仅能够提供基本的电话服务，而且还能提供许多ISDN补充业务（图像、传真等）。

五、系统的设计

（一）电话用户数量的确定

现代建筑电话用户的数量的确定应根据建筑的类别、应用的对象、使用功能以及使用单位提供的用户数量表为依据，并结合物业管理部门的实际需要以及用户近期初装容量及远期发展的终装容量进行综合考虑来确定。

当建筑单位或建筑物业管理部门提供不出用户数量而今后又可能发展时，应根据智能建筑中最终应用对象的性质以及远期发展的状况来确定。

表1-1是根据有关资料统计的，可供设计时参考。

（二）程控数字用户交换机容量的确定

1. 数字用户交换机容量的确定

用户交换机的实装内线分机限额通常为交换机容量门数的80%（即100门用户交换机实装最高限额为80门内线分机）。

（1）用户交换机的初装容量计算：

初装容量=1.3×[目前所需门数+(3~5)年内所期增容数]

电话回线的设计标准数　　　　　　　　　　　　表 1-1

类别	使用面积（每 10m²）	
	外线回线数	内线回线数
公司办公楼	0.5	1.5
政府机关	0.5	1.5
商务大楼	0.5	1.5
证券公司	0.5	1.5
广播电视楼	0.2	1
百货公司	（商场）0.02 （办公室）0.5	（商场）0.02 （办公室）1.5
报社	0.5	2
银行	0.5	1.5
医院	（病房）0.03 （办公室）0.2	（病房）0.03 （办公室）0.5
公寓住宅	1～2	1

注：公寓住宅按每户为单位设置外线和内线（对讲机）数量。

当缺乏近期用户资料时，可参考同类使用性质的工程项目或用户单位实际需要情况以及国家部门制定的电话普及率的规划指标综合考虑确定。

（2）用户交换机的终装容量计算：

终装容量＝1.2×［目前所需门数＋(10～20) 年的远期发展总增容数］

当缺乏上述资料时，应根据用户单位的发展远期规划及远期电话普及率指标确定。

实际上由于数字用户交换机向全分散控制方式、全模块化结构（积木式结构）和设图示小型化发展，所以当用户分机增加时，很容易对交换机进行设备扩容，从而可免去人们对用户交换机终装容量的长远考虑。

2. 电话机房内中继线设计原则、种类与数量的确定

（1）电话机房内中继线的设计原则：

智能建筑中数字用户交换机除了具有完成楼内用户相互之间通信的基本功能外，还要通过出、入中继线来实现楼内用户与公用电话交换网上的用户（包括其他用户交换机）之间的信息交换。

中继方式设计的原则是：以节约用户方的投资、提高当地电话局局用设备和线路的利用率，并与传输设备配合，达到信号传输标准的要求，确保通信的质量，便于实现长途通信的自动化。

由于现代建筑通信机房对外中继线与当地电话局公用电话交换网的连接方式密切相关，所以在设计现代建筑对外通信线路时，须与当地电话局有关部门充分讨论后，加以确定。

（2）电话机房内中继线的种类：

1）按中继线对来分，可分单向、双向和单双向混合中继线对等 3 种类型。

2）双向中继线对只用于需要中继线群很少的通信设备上，以便提高中继线的利用率。

3）建筑物内各通信设备与公用电话直接连接的用户线（双向）。

（3）电话机房内中继线数量的确定：

通常50门以上的用户交换机均采用单向中继线对，而50门以下的用户交换机可采用双向中继线对，以节省单向中继线的对数，提高中继线的利用率。

（4）用户交换机中继线数量的确定：

根据原邮电部《用户交换机管理办法》规定的基本配置，单向、双向中继线安装数量可参见表1-2所列。

单向、双向中继线安装数量　　　　　　　表1-2

用户交换机容量(门)	接口中继线数量(对)	
	呼出至端局中继	端局来话呼入中继
50线以内	采用双向中继1～5话路	
50	3	4
100	6	7
200	10	11
300	13	14
400	15	16
500	18	19

表中规定为基本配备数，一般配备数不应少于电话局核定的这个最低数量。当用户对公用网的话务量大时，则中继线应大于表中规定的数目。

当用户交换机入网分机数超过500线用户时，其接装中继线数，应按实际话务量进行计算。

实际设计过程中，用户交换机中继线数量一般按总机容量的10%左右来考虑，或查出交换机本身的中继线数量来确定。当分机用户对公用网话务量很大时，可按照总机容量的15%～20%来考虑。

六、程控数字用户交换机软件的功能配置及用户类型分析

程控数字用户交换机用户软件的配置一般根据使用对象的不同而有所不同，先进的PABX用户软件多达千种，根据用户类型不同，具体分为酒店型、办公型、医院型、银行型、学校型、商场型、旅行社型等类，其用户功能也千差万别，本处就用户类型举例分析。

1. 一般功能

通常由话务台实现通话管理、中继线路管理、用户分机编号管理、用户分机分组管理、呼叫处理功能，话务台通过一个基本开关环路基础上的话务环路键进行通话、应答、保留、转移和再插入回叫呼叫等业务。

一般分机用户的主要功能有：

（1）自动回叫。

（2）呼叫转移。

（3）呼叫等待。

（4）呼叫暂停。

（5）旁路转移。

（6）热线电话。

（7）紧急状态。
（8）夜间服务。
（9）电话会议。
（10）自动出局呼叫。
（11）来话转移。
（12）直接拨入。
（13）自动叫醒等。

2. 酒店型

酒店型程控数字用户交换机出入局话务量大，一般不需要直接拨入功能；话务台功能较强，不仅能满足正常通话、计费长话、通信功能，而且应具备一定的酒店管理功能。

酒店型程控数字用户交换机的用户软件功能主要有：

（1）行政/客人服务。
（2）自动叫醒。
（3）请勿打扰（房间）。
（4）请勿打扰（系统）。
（5）服务员情况。
（6）留言服务。
（7）打印机控制。
（8）前台终端机控制。
（9）房间断路（房间）。
（10）房间断路（系统）。
（11）房态情况。
（12）入店/离店管理。
（13）单独通话。
（14）房间号码显示。
（15）呼叫信息系统（Call Information System，CIS）。
（16）资源管理系统（Property Management System，PMS）等。

3. 办公型

办公型程控数字用户交换机一般应能满足办公人员呼入呼出直接、快速、便利的要求，如果条件许可，应尽可能申请 DID 中继方式或直接端接市话模块局或虚拟交换局，以提高效率。

PABX 在进行系统配置时，应注意办公人员数字通信的要求，适当配置数字通信模块，用以传输报文、图像、可视电话、电子信箱、电子邮件等功能。此外，通过软件设置，还可设置以下功能：

（1）上级-秘书转换/人工控制。
（2）背景音乐。
（3）经济热线。
（4）呼叫转移。
（5）缩位拨号。

(6) 日/夜线路拨号方法更改。
(7) 热线电话。
(8) 直线电话。
(9) 独立话务台/单独话务员通道。
(10) 线路锁定。
(11) 出局呼叫限制。
(12) 三方呼叫。
(13) 专用中继通道。
(14) 出局中继排队。
(15) 语音信箱。
(16) 信息提示。
(17) 声音呼叫。
(18) 异步数据交换。
(19) 数据热线。
(20) 数据接口/自动应答。
(21) 半双工交换
(22) 全双工交换。
(23) 共用调制解调器。
(24) 同步声音和数据传输。
(25) 同步数据交换等。

4. 医院型

根据医院工作的具体特点,系统软件的配置不仅应保证医院行政机关的通信服务,而且必须兼顾病房工作的特点。如病房上午一般为查房时间,严禁电话接入,高级医护人员必须随带传呼以备传唤,以及抢救病人时的寻人广播服务等。除一般通信功能外,还应设置以下功能:

(1) 请勿打扰。
(2) 呼叫传送。
(3) 自动唤醒。
(4) 传呼。
(5) 话筒离机报警。
(6) 广播服务等。

5. 银行型、学校型、商场型等其他类型

除具有一般功能外,还可根据各行各业的特点,通过适当增配接口或增加软件模块,以实现特殊服务要求。

第二节 语音与传真服务系统

一、概述

在现代建筑中,语音信箱与传真服务系统,可作为建筑物内用户专用的语音信息、图文传真的服务系统。当系统在公用电话网上使用时，可称为综合语言信息平台系统。在公用智能电话网未建成之前，该系统可作为一种智能业务向用户开放。这样，在建筑物内的任何人在任何场所均可随时使用电话机或传真设备（带电话机），通过设备上的拨号或按键对语音信息和传真服务系统的操作，从中存取、管理语言信息和传真文件。

二、语音信箱系统

（一）语音信箱的工作原理

语音信箱（Voice Mailbox）系统是随着电子计算机技术、语音处理技术发展以及信息交换的需求增长而发展起来的。智能建筑物内电话用户即可通过大楼内公用小型语音信箱或通过楼内各公司的专用小型语音信箱系统，以及通过公用电话网上公用大型语音信箱系统来获取大楼内外界的语音信息，并在系统语音的引导下，用按键电话机对系统进行访问、存储、提取和管理信息。

语音信箱兴起的目的是：改善对人们电话通信的服务质量，增加电话通信的服务内容，避免电话通信时无人应答、占线、断线和语音内容传递错误，节省用户通话的时间，充分利用通信线路及交换设备提高电话呼叫一次接通率。

现代建筑物中，语音信箱系统工作的基本原理是将用户内部的电话信号或将连接外部公用电话网上的电话信号，经过语音的特殊处理，即语音频带压缩，转换成数字信号送至语音信箱的计算机存储器内。

语音信箱的工作原理如图 1-6 所示。

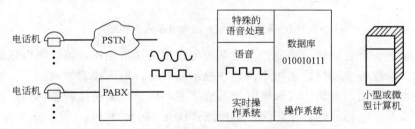

图 1-6 语音信箱的工作原理

语音信箱可通过电话用户线路或中继线路与其相连，也可安装在用户交换机的用户端口上与用户交换机的电路接口相连。它适配于各种交换机和公共信令接口。

语音信箱系统中，外来语音经数字化和编码压缩后存储在多个磁盘的空间内，供用户在信箱的自动应答系统的引导下存储、检索和取消语音信息，信箱系统保证数字化语音信号还原后清晰、逼真。

（二）语音信箱的结构及功能特点

现代建筑物内，用户小型语音信箱系统的结构目前有两种形式：一种是采用通用个人计算机（PC 型）和软件来实现语音信息处理；另一种是采用先进的小型综合语音信息（语音、传真）系统来实现综合语音信息的处理。

对于智能建筑的外部公用电话交换网上，电信部门则采用通用大型计算机或专用计算机语音信箱系统。

1. PC 型的语音信箱系统

系统结构（系统来电拨入流程图）如图1-7所示。

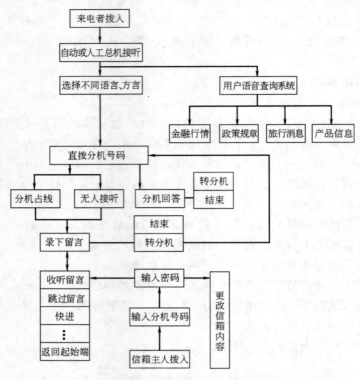

图1-7　系统结构（系统来电拨入流程图）

（1）电脑话务台自动转接功能。信箱系统与程控交换机相连，可提供电脑话务台应答与转接功能。系统将自动接通主叫用户，并提示用户输入他所要的被叫用户分机号，实现自动转接。当被叫用户电话忙或缺席时，系统将主叫用户自动转接回被叫用户的信箱，并提示其留言或留下电话号码。主叫用户也可选择接至人工话务台。

（2）电话自动应答功能。信箱系统自动应答大量的来话。在用户各自的信箱内可预先录制好电话、呼叫器（BP机）、手提电话的号码，进行留言跟踪呼叫。

信箱系统能预先录制如公司或企业各部门的对外查询索引，提示并自动转接到指定部门，或录制如各类语音信息，供公司内、外用户全天候咨询和自动查询服务。

（3）语音邮件功能。信箱系统的用户可任意设定密码，随时随地打开自己的个人信箱，听取留言，防止重要信息丢失或延误，还可使公司或企业上下级之间向个人信箱内发送及索取语音留言，加强内部的联系。

2．小型综合式语音信箱系统

小型综合语音信箱系统中不但有语音信箱服务、声讯服务子系统的功能，而且还有传真信箱服务、图文传真服务等子系统的功能。

综合语音信箱系统具有完善的电话通信功能。系统中用户个人信箱的拥有者在语音信箱（服务）系统（综合语音信箱）语音引导下，可以根据自己设定的密码号进入信箱，在任何时间、任何地点用双音频电话机来听取听到的留言。语音信箱系统可根据用户语音占用量的大小来设定用户语音信箱，通常能够提供50～2000个独立的个人信箱，每个用户信箱可以自设拥有者的姓名、引导词，并且还可以设定转移呼叫功能、设定唤醒时间。留言时编排的顺序是先进先出，播报时都配有留言时的时间和日期。

语音信箱系统可以连接在现代建筑物中各种不同类型的程控用户交换机上，并可提供话务自动转接功能，系统也可在现代建筑物中直接与公用电话网连接。

三、电子信箱

（一）电子信箱的基本原理

电子邮件（E-mail）又称电子信箱。它通过电信网实现各类信件和文件的传递、存储和报送，为用户提供更为便捷的信息交换报送。

电子信箱的实现方法，是在电信网上设立"电子信箱系统"（它实际上是一个计算机系统），每个用户都有属于自己的一个电子信箱，通信的过程就是把信件送到对方的电子信箱中，由收信用户使用特定的号码从信箱中提取。如发信人需将信件直接投到非信箱用户终端，信箱系统可利用存储转发方式自动完成。其原理如图 1-8 所示。

图 1-8　电子信箱的原理

理解电子信箱系统的最好方式，是将它与普通邮政系统进行比较，电子信箱系统的功能相当于普通邮政系统，信箱相当于邮局，信箱之间文件的存储、交换、转发等功能，相当于普通邮政系统信件的寄递过程。

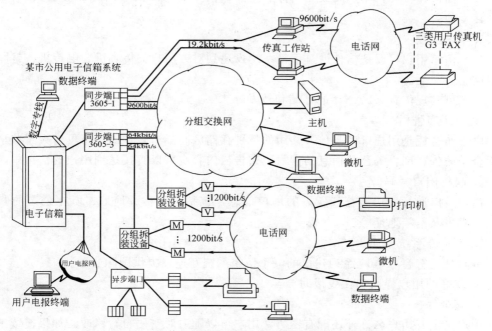

图 1-9　电子信箱系统与不同网络的终端互连的结构图

电子信箱中的信件，可以是私人信件、公文、用户报纸和传真，文件类型可以是普通文本文件，也可以是二进制文件。

（二）电子信箱的接入网方式

电子信箱系统的硬件，就是一台高性能、大容量的计算机。硬盘是信箱的存储介质，系统功能主要由软件来实现。

电子信箱的接入网方式有多种，可以是电话网、分组网、用户电报网、数字专线等；用户终端可以是微机、主机、电传机、传真机和普通打印机等。其电子信箱系统与不同网络的终端互连方式见图1-9。

（三）电子信箱的功能

电子信箱系统的具体功能，不同生产厂家的设备和软件有所差别，但基本上相差不大。现以原邮电部引进的美国Sprint公司的电子信箱设备为例，加以说明。

1. 信件处理功能

（1）信件的起草及编辑。用于用户信件的起草及编辑，编辑内容包括收、发信地址、标题和内容，信件属性分为加急、挂号、收妥证实、私人专件及隐秘抄送等。

（2）信件检索。可以按投递日期、发信人、标题、信件属性类别进行查找。

（3）信件存储和删除。

（4）信件归档和查阅。

（5）信件重读。

2. 投递性能

（1）定时发送和接收。

（2）同文发送。用户对一组用户名称加以编排，并取一个代名称，系统按此进行同文发送。

（3）回信和转发。用户阅读完信件后立即回信（此时回信地址将自动生成），也可把信件转发他人。

3. 直投业务

（1）信箱用户可以把信件通过信箱系统投递到对方用户的传真机、电传机、打印机及分组网络终端上。

（2）可实现传真（FAX）的存储和转发。

4. 电子布告栏

电子布告栏是用户可以与他人共用的特别存储区间。布告栏的信息可由大家共享，特别适合于公告、广告等公共信息的读写。布告栏内容也可以直接送到用户的信箱中。

5. 联机用户号码簿

用户可以通过该功能查找所需的用户信息，包括：名称、地址、所在公司的联系电话、传真号及信箱地址等。

6. X.400系统互连

可与其他符合X.400系列建议的电子信箱系统互连，提供国际业务。

7. 友好的用户界面和在线帮助

8. 安全保护

用户除了有用户名称外还配有密码，用户可以随时对密码自行修改。如果连续三次输入密码不正确，系统则自动对该用户封闭。

9. 容错功能

系统具有硬件和软件多级容错功能，双 CPU 和镜像磁盘存储具有自动修复和系统恢复功能。

10. 扩展性

系统具有扩展能力，只要扩大硬盘，就可扩充用户容量，并具有在线升级功能。

11. 多级管理

系统设五级管理，用户的组织层次分为五级，每一个节点可设一个管理员信箱。应用这一功能，可以实现虚拟专用信箱系统和闭合用户群功能。

12. 多语言文种支持

13. 账务系统

14. 用户平台的开放性

系统为用户提供一些标准的电子格式程序，用户可以以它为工具自行开发一些应用程序。用户采用此功能和闭合用户群，可以开发专用计算机通信网和办公系统。

15. 远程用户代理软件包

该软件包是为用户提供的应用系统，安装在用户微机上。使用该软件，用户可以不进入信箱系统（脱机）即可实现对发送和接收文件的编辑、归档等管理，提高了接收和发送效率，节约了系统开销和通信信箱费用。

该软件包是一个完善的系统，是微机上的一个小的信箱系统，本身只有信箱，可实现与微机和信箱系统之间的文件传送，并具有多种通信规程。

四、系统的应用举例

1. 语音信箱服务系统

语音信箱服务系统如图 1-10 所示。

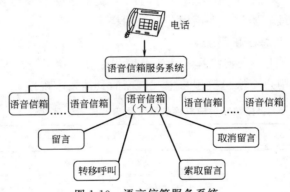

图 1-10 语言信箱服务系统

2. 电子信箱系统

电子信箱系统如图 1-11 所示。

图 1-11 电子信箱系统

第三节　电话机房

一、电话机房对建筑环境的要求

（一）位置要求

智能建筑的程控数字用户交换机设备应放在办公室附近的房间，技术性用房不宜设置在以下地点：

(1) 浴室、卫生间、开水房等积水房间的附近。

(2) 变压器室、变配电室的楼上、楼下或隔壁。

(3) 空调及通风机房等振动场所附近。

同时应注意以下事项：

(1) 应避免灰尘、烟气和酸性物质，远离水管、蒸汽管道。

(2) 防止强振动、强磁场和其他干扰源的干扰等。

(3) 话务室要求安静，墙壁和顶棚宜设有吸音材料。

(4) 注意防火，机房内应设有火灾自动报警系统和气体 CO_2 灭火器。

(5) 机房附近的机器、车辆等产生的振动，当其振动为 2~9Hz 时，振幅不得超过 0.3mm；当振动在 9~20Hz 时，其加速度不得超过 $1m/s^2$。

（二）空间平面要求

程控数字用户交换机机房应根据系统的容量及终期容量需要来考虑面积，200 门及以下交换机房宜设有交换机室、话务室及维修室等，如有发展可能则宜将交换机室与总配线室分开设置；1000 门及以上电话站应设有电缆进线室、配线室、交换机室、话务台室、电池室、电力室以及维修器材备件用房、办公用房等。

1. 技术用房配置及总面积要求

表1-3是程控数字用户交换机技术用房及面积估算，仅供设计时参考，具体技术用房面积应根据程控数字用户交换机机型与生产厂家的具体要求确定。

程控数字用户交换机技术用房及面积估算（m^2）　　　表1-3

技术用房规模	800门以下	800~2000门	2000~3000门	3000门以上
交换机室	25	20	30	40~50
话务台室	15	15	20	25
配线室	设于交换机室	10	15	20
蓄电池室	10	15	20	25
电力室	设于蓄电池室	10	15	20
电缆进线室	设于交换机室	设于配线室	10	15
备件备品维修室	10	15	20	25
值班室	10	15	20	25
总面积	70	100	150	200

各机房面积估算确定后,可根据具体用房条件安排各机房的相对位置,机房位置安排应以交换机室为中心,其他技术用房各种设备的布置以维护、操作方便为前提。当然,也应满足各种线缆的敷设路由最短等有关技术要求。为做到技术合理、经济节省,应做几种方案进行比较,最后选定最佳方案。

2. 机房净高、地面荷载、地面面层材料要求

程控数字用户交换机各机型的机柜高度大都在2m左右。根据规范要求,机房净高、地面荷载和地面面层材料应符合表1-4的要求。

机房的建筑要求 表1-4

机房名称		室内净高(m)(梁下或风管下)	地面等效均布活荷载(kN/m^2)	地面面层材料	温度(℃)		相对湿度(%)	
					长期工作条件	短期工作条件	长期工作条件	短期工作条件
程控数字用户交换机室	低架	3.0	4.5	活动地板或塑料地面	10～28	10～35	30～75	10～90
	高架	3.5	5.0					
控制室		3.0	4.5					
话务员室		3.0	3		10～39		40～80	
传输设备室		3.5	6	塑料地面	10～32	10～40	20～80	10～90
总配线室		3.5	6		10～32		20～80	

电话站的技术用房,室内最低高度一般应为梁下3m。如有困难,亦应保证梁的最低处距机架顶部电缆支架应有0.2m的距离。

防静电活动地板距地面一般为300mm,倾斜度小于±3 mm/m,同时要有良好可靠的接地。交换机房的装设位置宜离开场强大于300 mV/m的电磁干扰源。

(三)对环境的要求

1. 机房的温湿度要求

智能建筑中采用的程控数字用户交换机一般采用民用型电子元器件,机房温湿度要求应能满足电子元器件正常工作条件,一般应满足规范要求。

用于程控数字用户交换机房的空调设备宜选择焓差低,风量大,送、回风焓差小的空调设备和处理方式,空调机送风量和制冷量之比宜为1/3～1/2左右。

2. 机房的清洁度要求

由于程控数字用户交换机内部采用模块式结构,其插件板布满集成电路和电子元器件,因此,对防尘要求较高,每年积尘应小于$10g/m^2$。一般不应含有导电、铁磁性或腐蚀性灰尘,一般尘埃应满足表1-5的要求。

程控数字用户交换机房允许尘埃要求 表1-5

灰尘颗粒的最大直径(μm)	0.5	1	3	5
灰尘颗粒的最大浓度(粒子数/m^3)	1.4×10^7	7×10^5	2.4×10^6	13×10^5

建议机房采用双层铝合金玻璃窗,在机房入口处设有缓冲间,维护人员进出应更换工作服和工作鞋,其空调设备应配有粗效和中效过滤器。

二、供电、照明及接地

1. 供电要求

程控数字用户交换机系统供电电源的负荷等级,应与本建筑工程中的电器设备的最高负荷分类等级相同。

程控数字用户交换机系统整流电源采用的交流电一般为单相220V（或三相380V），频率为50Hz。交换机机体允许的电源电压应平稳,应在220/380V±10%的范围内,频率为50Hz±5%,线电压变形畸变率小于5%。

为确保交换机系统的可靠供电,一般均配备－48V直流蓄电池,交换机本机整流器在对本机供电的同时,以浮充方式对蓄电池充电。程控数字用户交换机工作允许的直流供电范围一般在－44～－56.5V,衡重杂音电压小于2.4mV,当系统中电压掉至－40.5V时,系统将停止工作。因此,蓄电池容量安培小时（A·h）应根据主机柜数量（每机柜最大按10A计）及当地可能的交流停电时间等因素综合确定。

电话站的交流电源可由低压配电室或邻近的交流配电箱,从不同点引入2路独立电源,一用一备,末端可自动切换。当有困难时,也可引入一路交流电源。交流电源引入方式宜采用暗管配线TN系统。引入交流电源当为TN系统时,宜采用TN-C-S供电方式。

直流配电屏（盘）应装于蓄电池室一侧,交流配电屏（盘）应靠近交流电源引入端。它与其他设备间的净距应不小于1.5m,配电屏的两侧当需要检修时,与墙的净距应不小于1.2m,背面与墙的净距应不小于0.8m。台式整流器或墙柱式直流配电盘不受此限制,但其设备中心的安装高度距地面距离一般为1.6m。

2. 照明要求

程控数字用户交换机的工作照明,除电池间外一般采用荧光灯,布置灯位时应使机架（柜）、机台或需照明的架面、台面达到一定照度标准。机房照明要求见表1-6。

机房照明的要求　　　　　　　　　　表1-6

序号	名　　称	照度标准(lx)	计算点高度(m)	备注
1	程控数字用户交换机室	100-150-200	1.4	垂直照度
2	话务台	75-100-150	0.8	水平照度
3	总配线架室	100-150-200	1.4	垂直照度
4	控制室	100-150-200	0.8	水平照度
5	电力室配电盘	75-100-150	1.4	垂直照度
6	电池槽上表面 电缆进线室和电缆室	30-50-74	0.8	水平照度
7	传输设备室	100-150-200	1.4	垂直照度

程控数字用户交换机及配线设施应避免阳光直射,以防止长期照射而引起老化变形,在任何情况下应防水,以免设备受损。

3. 接地要求

机房内宜设置地线，其工作接地和保护接地联合设置，采用单点接地方式，一般接地电阻应不大于5Ω，以保证工作接地线上无电压。

当机房采用联合接地方式时，其接地电阻应不大于1Ω，其地线可接至机房所在楼层的接地总汇集线上，如果达不到要求，应增加接地体数量或采取人工降阻措施。

当机房接地与建筑接地采用分散接地方式时，系统应单独接地，其工作接地和保护接地距建筑物的防雷接地应大于20m。

机房通信接地（包括直流电源接地、电信设施机壳或机架和屏蔽接地、入站通信电缆的金属护套线屏蔽层的接地、明线或电缆入站避雷器接地等）不应与工频交流接地互通。

三、电话机房的布置图例

电话机房的布置图例见图1-12。

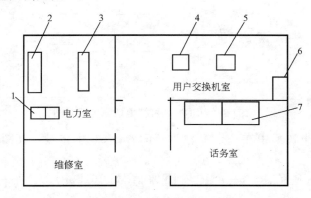

图1-12　电话机房的布置
1—电源；2、3—蓄电池；4—用户交换机；5—配线架；
6—记费装置；7—话务台

第四节　可视电话系统

一、可视电话系统的构成

可视电话（Videophone）是通话双方在通话时，能同时见到对方图像的电话。可视电话在建筑物内使用时，用户双方打开可视电话设备，通过拨号连通后，就能进行面对面的可视图像通信。

可视电话发展的提高是由于数字通信技术、图像信号编码压缩技术、超大规模集成电路等技术发展，给发展数字式可视电话创造了条件。

当把可视电话机连接在能传输声音和图像信号的交换通信网上，就可进行彩色活动图像的可视电话的通信。根据现有网络技术和发展的网络通信技术，可视电话系统连接示意图如图1-13所示。

ISDN是可视电话信号传输的最佳的网络（图1-14），根据国际电信联盟（原CCITT）H.261建议，制作的编解码器（Coder）以高效的编码压缩技术，已使彩色活动图像信号压缩到64kbit/s速率的图像编码技术进入了实用阶段。利用ISDN传输可视电话信号有以下几种方案：

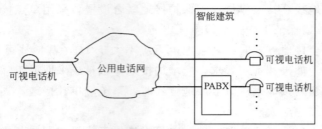

图1-13 可视电话系统连接示意图

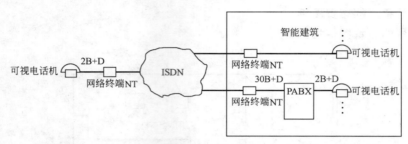

图1-14 ISDN网可视电话系统示意图

(1) 将图像和声音集中在一个B信道（64kbit/s）中传输，其图像信号为48kbit/s，声音为16kbit/s。

(2) 使用两个B信道，一个传输图像信号（64kbit/s），另一个传输语音信号（64kbit/s）。

(3) 将两条B信道合在一起，作为一条128 kbit/s线路使用，将图像和语音集中在这条线路中传输。其中图像信号为112kbit/s，语音信号为16 kbit/s。

日本在开发ISDN可视电话方面走在世界的前列，日立、NTT、三菱等公司都研制出按H.261标准进行图像信号压缩编码的可视电话机。如日立公司于1991年推出的HV-100型可视电话采用1/2in的CCD摄像头和5in彩色液晶显示器，传送176×144像素的图像最高帧频为15帧/s；传送352×288像素的图像最高帧频为10帧/s。NTT公司Pic-send-R型可视电话（台式）机，摄像头内置于电话机中，电话机上配有5.6in显示器，屏幕上可分成4个视频窗口，可保证5方会议使用，并以15帧/s速率传递高清晰度图像。

二、可视电话系统的应用

公用电话交换网的可视电话系统构成如图1-15所示。

设备为1992年初美国AT&T公司推出的2500型可视电话。它可在一条普通两线电话双绞线上实时传输语音和彩色活动图像，实现全双工通信。设备安装简便，只要接到两线的普通电话插座上，接通常规AC220V电源即可通信。

该可视电话成功地采用了最新的模-数-模技术。语音压缩采用混合编码CELP+，以6.8 kbit/s的速率传输高质量的语音。图像压缩采用了高效压缩编码技术，用10kbit/s传输活动图像。然后采用最先进的TCM编码技术把语音、图像和2.4 kbit/s的监控信号总共19.2 kbit/s的数据压缩编码为3200符号/s的6位编码PAM信号，经D/A转换为模拟信号在一路话带中传输。

这是世界上第一部在公共电话网中使用彩色活动图像可视电话。从研制到投放市场只用一年半的时间。设备产品由 AT&T 内部三家公司合作研制，其中图像压缩板由 CLI 公司提供，主处理器由 Motorola 公司提供，3.3inLCD 由美国 Epson 公司提供。小型摄像机由日本索尼公司提供。

2500 型可视电话机原理框图如图 1-15 所示。其最基本的工作原理是模-数-模传输。现简述如下：

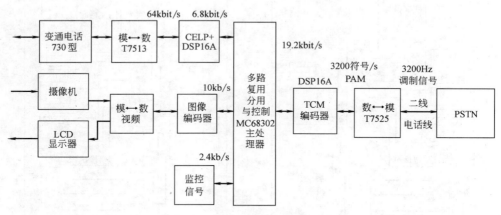

图 1-15　AT&T2500 型可视电话

其发送过程：语音经普通电话机放大，再经 A/D 转换为 μ 律 64 kbit/s 的 PCM 信号，然后经 CELP＋混合编码压缩为 6.8 kbit/s 的语音信号。摄像机送出的图像信号经 A/D 转换，再经图像压缩编码变为 10 kbit/s 的图像信号，还有 2.4 kbit/s 监控信号。这三种信号经多路复用变为 19.2 kbit/s 复用信号，再经 TCM 编码变为 3200 符号/s 的 PAM 信号。此 PAM 信号经 D/A 转换为 3200Hz 的模拟调制信号，经普通两线电话双绞线进入 PSTN 网，传到通信对方。

第五节　电话会议

一、概述

会议电视系统（Video Conferencing System，VCS）是利用图像压缩编码和处理技术、电视技术、计算机通信技术和相关设备，通过信息传输通道在本地区或远程地区点对点或多点之间进行图像、语音、数据信号双工实时交互式多媒体通信的方式，它大大提高了人们行政办公、商业洽谈、远程医疗、教学等方面的效率，节省开支。

具体地说，就是利用摄像机或话筒将一个地点会场的与会人员的形象及发表的意见或报告内容传递到另一个会场，并能出示实物、图样、文件和实拍电视图像，以增加临场感，再辅以电子面板、书写电话、传真机等信息通信，实现与对方会场与会人员现场研讨、磋商。

根据会议电视系统不同使用场所、使用性质和组成方式，智能建筑内部会议电视系统主要分为公用型电话会议电视系统和桌面电话会议电视系统。

二、电话会议系统的构成

（一）公用型电话会议系统

典型的点-点公用型会议电话系统（Public Video Conferencing System，PVCS）结构如图1-16所示。公用型会议电视系统主要由数据终端设备、传输信道和网络节点的多点控制单元（Multipoint Control Unit）等组成。

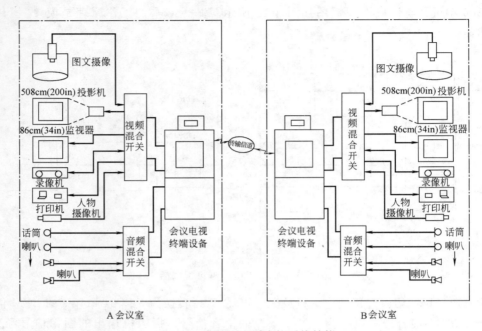

图1-16 公用型电话会议系统结构

1. 终端设备

公用型会议电视系统的数据终端设备（Data Terminal Equipment，DTE）主要有视频输入/输出设备、音频输入/输出设备、辅助信息通信设备、视频编解码器、音频编解码器、多路复用/信号分线设备等，主要完成会议现场所有信号的采集、发送和接收任务。公用型会议电视系统终端设备整机如图1-17所示。

（1）视频输入设备 包括摄像机及录像机。摄像机主要有主摄像机、辅助摄像机和图文摄像机。系统视频输入口应不少于4个。

（2）视频输出设备 包括监视器、投影机、电视墙、分画面视频处理器等。

（3）音频输入/输出设备 主要包括话筒、扬声器、调音设备和回声抑制器等。

（4）辅助信息通信设备 包括电子白板、书写电话、传真机等。

（5）视频编解码器 一方面对视频信号进行制式转换处理以适应不同制式系统直通；另一方面对视频信号进行数字压缩编码处理，以适应窄带数字信道的传送，还支持多点会议电视系统的多点控制单元（Multipoint Controlling Unit，MCU）多点切换控制。

（6）音频编解码器 主要对模拟音频信号进行数字化编码处理，以进行传送。

（7）多路复用/信号分接设备 将视频、音频、数据、信号组合为传输速率为64～1920kbps的数据码流，成为用户/网络接口兼容的信号格式。

2. 用户/网络接口

用户/网络接口是用户终端设备与网络信道的数字电路接口。

3. 多点控制设备

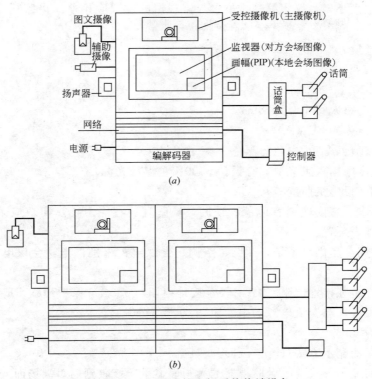

图 1-17 公用型会议电视系统终端设备

多点控制设备设置在网络节点（汇接局）处，对图像、语音、数据信号进行切换，供多个地点的会议同时进行相互间的通信，工作速率 64kbps～2Mbps，MCU 的端口数目前最多为 12 个（E1 端口），可利用一个 MCU 同时召开 4 个独立的会议。

4. 系统控制器

终端之间的互通是依据一定的步骤和规程，通过系统的控制部分实现的，系统控制部分包括终端之间的互通规程和端-端的信令信号两个部分。

5. 传输信道及组网方式

在我国尚未实现 ISDN 网之前，公用型会议电视系统是利用 DDN 提供 ISDN 功能组成会议电视网，在智能建筑内部与其他地区建立会议电视联系的。随着国家电话交换网和 N.ISDN 交换功能的实现，将逐步实现交换型的多点会议电视业务，会议电视系统将得到普遍的应用。

6. 公用型电视会议系统会场设计

智能建筑在进行通信系统的设计时，应考虑到会议电视系统的设计，其会场设计的合理性是决定图像质量的重要因素之一。会场不仅应提供会议人员舒适的环境，更应反映会场的景物，由会议室中传送的图像（包括人物、景物、图表、文字）要清晰可辨。

（1）会议室设备　主要包括电视数据终端设备、话筒、扬声器、图文摄像机、辅助摄像机（用于景物摄像等）和适当辅助设备（包括电子白板、书写电话、录像机、传真机、打印机等）。若会场较大，还可配备投影电视机（以背投为佳）。小型会议室可设置监视器，大型会议室应采用 100～250cm 投影电视机。

(2) 会议室大小 会议室第一排位置与监视器的位置应相差 6 倍监视器高度的距离，其余按每人 2~2.5m² 来考虑，会场高度应大于 3 m。

(3) 会场环境：

1) 温度为 18~22℃。

2) 湿度为 60%~80%。

3) 换气量为每人每小时≥18m³。

4) 环境噪声为 40dB（A）。

5) 色调为浅色，禁止白色与黑色。

6) 会场照度采用人工光源，宜设计 3500K 色温冷光源。

7) 监视器及投影机照度≤80lx。

8) 声学要求。室内应铺有地毯、顶棚，墙壁宜装有隔声毯，窗户应采用双层玻璃，进出门宜采用隔声装置。

9) 供电采用 3 套供电系统，照明、空调、会议电视分别供电，会议电视采用不间断电源（UPS）。

10) 接地。单独接地电阻<4Ω，联合接地电阻<0.3Ω。保护地线 PE 必须采用三相五线制的第五根线，与交流电源的中性线 N 应严格分开。

7. 图像显示方式

会议室画面的显示方式分为单画面和双画面 2 种。

(1) 单画面显示方式 一台监视器的大画面显示所接收到的对端场面或人物，小画面（Picture In Picture，PIP）显示本端会场图像。

(2) 双画面显示方式 由一台数据终端设备的两台监视器显示对端的两个画面。一台监视器大画面部分显示对端发言人图像，小画面显示本端会场现场；另一台监视器则可用于显示对端送来的图文或文件等。

8. 主要生产厂家

主要生产供应厂家有美国 CLI 公司、PictureTeL（PCTL）公司、VTEL 公司，英国 GTP 和 BT 公司，日本 NEC 公司等。

(二) 桌面型电话会议系统

桌面型会议电视系统（Desktop Video Conferring System，DVCS）是智能建筑内部广泛采用的多媒体通信会议电视系统，系统基于计算机通信手段，投资小，见效快，使用方便、快捷，可以满足办公自动化数据通信和视频多媒体通信的要求。

1. 系统构成

桌面型会议电视系统是利用计算机进行多媒体通信实现办公自动化的重要手段，它是在计算机的基础上安装摄像机特定的多媒体接口卡、图像卡、多媒体应用软件及输入/输出设备，将文本图像显示在屏幕上，双方有关人员可以在屏幕上共同修改文本图表，辅以传真机、书写电话等通信手段，及时地把文件资料传送到对方。系统结构见图 1-18。

2. 系统功能

桌面型会议电视系统不仅具备一般计算机（网络）通信的功能特点，而且具有动态的彩色视频图像、声音文字、数据资料实时双工双向同步传输及交互式通信的能力。同时还

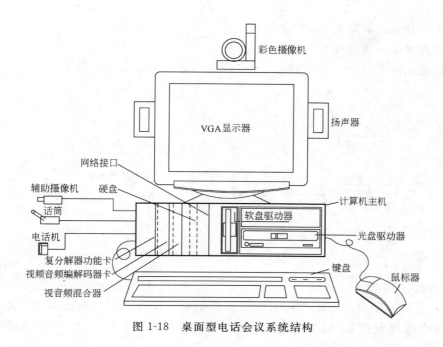

图 1-18　桌面型电话会议系统结构

可具备：

（1）点-点或多点之间的视讯会议。

（2）实时在线档案传输。

（3）同步传送传真文件和传送带有视频图像及声音的电子邮件。

（4）远程遥控对方摄像机的画面位置等功能特点。

（5）还可配备投影仪，通过电话线直接将图文信号传至对端。

3．系统运行环境

（1）操作系统为 Windows95 以上或 Windows98 以上。

（2）传输信道为标准电话线，视频速率为 1～5 帧/s 图像。

DDN、2B+D、ISDN 通信信道——视频速率为 15～30 帧/s 图像。

（3）随着 ISDN 网的建成，桌面型会议电视系统通信速率和通信质量将大大提高，做到实时动态，无"痕"连接。

4．系统要求

由于计算机技术的发展，计算机的可靠性大大提高，对环境的要求日益减弱，一般在操作人员感觉舒适的环境即可安装桌面型会议电视系统，通常无特殊要求。

第六节　调度电话系统

一、调度电话系统概述

智能建筑无线调度系统是建筑内部及其在建筑周围，为建筑内部管理及其他业务服务的移动通信系统。一般情况下可不接入公用网，在条件许可情况下也可直接接入市话网或通过程控数字用户交换机接入公用网，保持有线与无线的畅通。无线调度系统的通信范围可达 20km，工作方式一般采用半双工制，即收发同频，但不可同时收发；也可采用双工制，即收发分别采用不同频率，双向通话。

二、调度电话系统的构成

系统结构如图 1-19 所示，分成基地台、天馈系统、移动台等 3 部分。

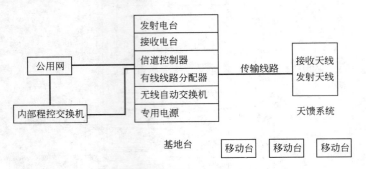

图 1-19 调度电话系统

1. 基地台

基地台主要包括收、发信机，无线信道控制器（Repeater Management Controller，RMC），有线线路分配器（Landline Trunk Controller，LTC），无线自动交换机（Air Patch，APH），专用电源等组成。

（1）收、发信机 发信机的功能是将所要传送的基带信号经过调制、信频或混频将频谱搬移到发信频率，再经过放大到额定功率，馈送到天线将信号发射出去。收信机则相反，将天线收到的微弱信号经过处理还原成语音基带信号。

（2）信道控制器 用于控制和管理整个系统的运行，包括为无线用户按需分配信道、显示信道号、通话状态、监测话音质量，为系统管理、有线电话互联终端等提供接口，每个语言信道需要一套收、发信机。

（3）有线线路分配器 为系统连接有线电话网提供接口，包括接自市话局的直线、中继线和接自智能建筑内部的程控制数字用户交换机的内线，将以无线调度为主的无线通信系统扩展到有线电话网。

（4）无线自动交换机 无线自动交换机是无线信道交换驳接器，使系统内部无线用户与无线用户的双工通信，可不再通过有线线路转接，大大提高通信的质量效率。

（5）专用电源 为系统提供工作电源。

2. 天馈系统

天馈系统包括从天线到传输电缆馈线接头为止的所有匹配、平衡、移相或其他耦合装置。天馈系统的功能是有效地将送来的高频传导电流转变成空间的电磁波，或者反过来，将空间的电磁波转变成馈线中的信号功率。对于便携式移动通信设备，天线直接和收、发信设备安装在一起，作用相同。

3. 移动台

即便携式移动通信设备，作为调度系统，一般采用无线对讲机。

本 章 小 结

有线通信系统不仅包含常见的有线电话系统，还包括语音、传真系统和可视电话系统等，在掌握常见的系统的同时还必须了解其他的系统。对于常见的有线电话系统主要以对交换机的使用功能进行掌握，然后对系统的供电、供热和建筑面积等的具体要求给予充分的了解。

复习思考题

1. 程控交换机系统的构成。
2. 语音信箱的工作原理。
3. 电话机房对建筑环境的具体要求。
4. 电话机房具体有哪些主要设备？

第二章 无线通信系统

第一节 区域数字无线电话系统

无绳电话系统（Cordless Telephone System，CTS）是用户线信号用无线电波传输进入电话网的电话形式。在用户密集、内部话务量大且人员移动频繁的智能建筑内部，通常采用第二代无绳电话系统（Cordless Telephone Two，CT2）。无绳电话系统结构如图 2-1 所示。

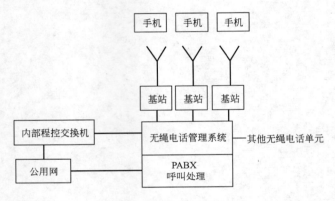

图 2-1 无绳电话系统结构

一、基站

系统包括许多基站，每个基站都与集中管理单元和智能建筑内部程控数字用户交换机相连。每个基站都有一个覆盖区，可以同时处理数个无绳电话的呼叫，无绳电话可以通过建筑内部任何一个基站入网。

基地台分为台式和挂式两种，每个基地台可接入 6 对电话线，工作于 6 路无线信道，可为 20～30 个手持机提供服务。因此，楼层基地台的设置应根据智能建筑内部各楼层使用无绳电话的用户数、人员密度进行设置。

无绳电话基地台的天线辐射功率很小，只有 10mW，通信距离一般在 200m 以内。

CT2 采用数字技术基地台，主要技术性能指标如下：

(1) 工作频段为 864.1～868MHz。
(2) 信道间隔为 100kHz。
(3) 工作方式为音频时分双工 TDD。
(4) 数字调制技术为二进制移频键控 FSK。
(5) 数据传输速率为 72kbps。
(6) D 信道信令传输速率为 1 或 2kbps。

(7) 语声传输速率为 32kbps。
(8) 语声编码为 ADPCM 自适应差分脉编调制。
(9) 发射功率为<10mW。
(10) 信道数为 40 个。
(11) 多址方式为频分多址 FDMA。

二、CT2 无绳电话手持机

手持机部分功能如下：
(1) 显示拨出号码、工作状态和电流状态。
(2) 可在 9 个预选系统中工作。
(3) 选用或禁用某些业务（长途、呼入等）。
(4) 具有数字程控交换的大部分功能。
(5) 有防盗电子锁和手机用户识别号。
(6) 缩位拨号，预存 10 个号码。
(7) 控制基地台工作模式指令等。

第二节　卫星通信系统

一、系统概述

卫星通信系统（Satellite Communication System）是利用人造地球卫星作为中继站的 2 个或多个地球站相互之间的无线电通信系统，如图 2-2 所示。

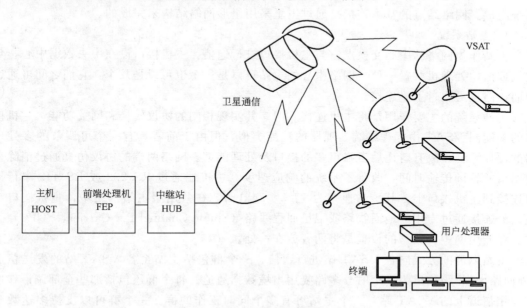

图 2-2　卫星通信系统

卫星通信方式灵活多样，可以实现点对点、一点对多点（广播方式）、多点对一点（数据收集等）通信。特别是广播方式，易于实现多址联接，便于能信网络的组成。卫星通信容量大，传送业务种类多，既可传输数字信号，又可传输模拟信号；既可传输时分多址信号，又可传输频分多址信号；既可完成通信信号的传输，还可完成电视节目的广播业务。同时，卫星通信还具有通信质量高、稳定可靠、地球站可以自发自收、进行质量监控的特点。

卫星通信系统由四大系统组成：空间分系统、通信地球站、监控管理分系统、跟踪遥测及指令系统。

（1）空间分系统　指通信卫星。

（2）通信地球站　将用户的基带信号调制到微波信号上，发至卫星（俗称上行），通过卫星传输到另一个地球站；同时接收卫星下行的微波信号（俗称下行），经处理解调后将基带信号送到用户。

（3）监控管理分系统　对通信卫星在业务开通前、后进行通信性能的监测和控制。

（4）跟踪遥测及指令系统　跟踪遥测及指令系统是对通信卫星的运行轨迹进行监测并对通信卫星的运行进行控制。

卫星通信广泛采用的载波是 6/4GHz 及 14/12GHz 波段，前者是上行链路的速率，后者是下行链路的速率。

在智能建筑中，作为数据通信的重要手段，普遍建立天线直径一般小于 2.4m 的甚小口径天线智能化微型地球站（Very Small Aperture Terminal，VSAT），进行高速数据广播、图像传送、综合数据与话音通信、移动数据通信、计算机网络连接等综合业务，与DDN 数据通信互为备份，保证数据通信的不间断性、可靠性和正确性。

二、系统构成

典型的卫星通信系统主要由主站、主机接口单元、远端（VSAT）分小站和网络管理系统组成。网络结点的基本连接是通过卫星采用星形网络结构来完成的。

1. 主站系统

主站作为网络的中心交换点，与主机接口进行通信。主机接口设在中央数据中心，与主机或前端处理机共置一处。网络中心的主站可以是一个也可以是几个，它们之间可通过地面线路也可通过卫星连接。

主站系统的主要作用是将主机连接入网，并实现相同的协议转换和网关功能。主机接口的功能同 VSAT 中远程终端处理器的功能类似，但由于前者具有一个可调节的多处理器的硬件平台，故有着比后者强得多的接口及处理能力。网络两端的协议仿真通过消除来自网络的轮询传输时间，改善了系统的响应速度。主机端通过 RS.232 或 RS.449 串行接口连接到主机接口上，其传输速率为 1、2、56kbps。在共用型主站网络中，主机接口与主站的连接通过专用的地面线路或卫星回程线路（Single Channel Per Carrier，SCPC）完成。在专用网中，典型的设置是将两者放在一处。

主站以群的方式同各 VSAT 站进行通信。一个群包括主站至各 VSAT 站的发送信道（外向路由），该信道为一个时分多路复用出境数据通道。每个群还包括那些全部调谐在接收专用信道上的 VSAT 站。一个主站可有多个同时工作的群。一个群可以支持多达数千个 VSAT 站（取决于业务量），每个群都有自己的高速开放式系统互联分组交换系统。主站分组交换对来自或发往各 VSAT 站的网络分组进行路由选择，亦可以来自或发往其他网络分组交换结点（如主机接口）的分组进行路由选择。

主部网络基于模块设计，可能通过增加群进行容量扩充。灵活的主机接口单元可提供简捷的主站互联。

主网设计是连续工作、无人值守的。VSAT 站的全站管理均由网络管理系统集中控制。

2. VSAT 分站

网络中的每个 VSAT 分站主要组成为：一个用于将远程设置的计算机终端接入卫星网络的室内单元（Indoors Unit，IDU）或网络接口单元（Network Interface Unit，NIU），一个用于发送和接收卫星信号的室外单元（Outdoors Unit，ODU）以及一副小口径天线。IDU 或 ODU 之间通过设备互联电缆（68.8m 内无需放大）连接。

（1）室内单元　包括一个中频/基带模块和一个远程终端处理器，它将用户协议和数据单元转换成利于卫星网络的内部网络协议。

VSAT 的 IDU 直接与终端设备相连接，并将诸如 SNA/SDLC 或 X.25 数据通信协议转换成网络内部协议，以利于卫星网络传输。由于 VSAT 的控制软件是通过网络下载的，同时可以随时改变和更新，因此，IDU 使系统具有很大的灵活性。新的协议也可以通过这种方法加入网络。

（2）室外单元　由天线、安装硬件和室外电子设备组成。它负责将接收到的卫星信号放大并变换成 950~1450MHz 的中频信号，而后通过设备连接电缆送到 IDU。发射生成 C 波段或 KU 波段载波被锁定在 IDU 提供的发射参考信号上，该载波直接用 IDU 提供的速率为 56kbps 的数据信号进行调制。

（3）网络管理中心　网络管理中心由网络控制计算机和监视器及打印机等附属设备组成。网络管理中心既可以与主站置于一处，也可以与主站分开，中间通过地面数字线路连接。

系统使用的软件包括网络控制系统、用户协议支持软件、多址访问协议软件以及网络管理软件、增值软件和局域网连接软件。

结点（即各个 VSAT、主要接口、交换系统）上全部运行软件都采用中央网控中心下载的形式。

（4）天线　VSAT 天线典型的口径为 1.8m 或 2.4m，也可根据需要在 1.2~3.5m 之间选用。天线馈源包括一个用于将发射信号和接收信号隔离的正交模转换器和波导滤波器。

三、系统的类型

（一）基带信号类型

基带信号类型又分为模拟卫星通信系统和数字卫星通信系统。

1. 模拟卫星通信系统

模拟卫星通信系统主要采用在地面微波中继通信所采用的模拟通信技术。它的特点是：基带的形成按各种信号的频率特性，采用频谱搬移的方法排列而成的。

它的工作方式有 FDM/FDMA 方式和 FDM/SDMA 方式。

2. 数字卫星通信系统

数字卫星通信系统和模拟卫星通信系统相比，数字卫星通信系统有如下特点：

（1）多址连接能增大传输容量。在数字卫星通信方式中，一般采用时分多址连接方式，即每瞬间只发送（放大）一路载波，这样，行波管功放工作在饱和区也不会产生干扰，所以传输容量可以加大。

（2）能够把传输速率不同的数字信号进行复接和多址连接，便于综合业务数字网配合工作以及和地面通信网的连接。

（3）便于进行纠错和加密。

（4）便于利用大规模集成电路及其他先进技术，从而降低成本。

（二）多址方式类型

多址方式类型分为：

（1）频分多址（FDMA）卫星通信系统。

（2）时分多址（TDMA）卫星通信系统。

（3）码分多址（CDMA）卫星通信系统。

（4）空分多址（SDMA）卫星通信系统。

（5）混合多址（MDMA）卫星通信系统。

多址方式是通过同一颗卫星中继的多个地球站实行两址或多址通信的方式。它和多路复用相同，是利用同一条信息通道传输多个信号，不同的是多路复用指的基带信道的复用，而多址方式则是射频信道的复用。

在卫星通信的多址方式中，信道的分配方法有：预分配和按需分配两种。其中，预分配是指固定分配方式，当然也有按时间调整的预先分配方式；按需分配就是申请分配方式，信道的分配是根据地球站的业务要求临时安排的，使信道的使用变得十分灵活，利用率也大大提高了。

（1）频分多址（FDMA）方式。频分多址方式是按频率不同来区分地球站站址的一种多址方式。频分多址方式主要有以下几种形式：

1）FDM/FM/FDMA。要把传送的信号进行频分复用（FDM），再对载波进行调频（FM），然后按频率来划分站址（FDMA）。

2）SCPC/FDMA。每一个话路使用一个载波（SCPC），调制的方法可以是 PCM/PSK，也可以是 DM/PSK 等，当然在按频率来划分地址。SCPC/FDMA 一般是预分配的。

3）PCM/TDM/PSK/FDMA。要把传送的信号进行 PCM 调制，先用时分多路复用形成基带，再对载波进行 PSK 调制，最后采用频分多址方式（FDMA）。

各地球站采用频分多址方式进行连接，每个地球站分配一个专用的射频载波，各载波间留有一定的间隔以免使用中互相一无所有。某一站接收端都必须同时具备能够接收与本站通信的各个地球站经卫星转发来的载波信号。

（2）时分多址（TDMA）方式。在 TDMA 方式中，分配给每个地球站的是一个特定的时间间隔，简称时隙。各地球站只能在指定的时隙内向卫星发送信号，在时间上应互不重叠。在任何时刻都只有一个站发出信号通过卫星转发器，这就允许各站可以使用同一频率，并可以使用转发器的整个带宽，这样，卫星转发器始终处于单载波工作状态，不存在互调问题，允许行波管处于饱和状态下工作，更有效地利用卫星转发器的功率和容量，上行功率也不需要精确控制，功率也可以不同，便于大、小地球站兼容。

（3）码分多址（CDMA）方式。码分多址方式是主要应用于容量小，移动性大的卫星通信系统。在码分多址系统中，各地球站使用相同的载波频率，占用同样的射频带宽，发射时间是随机的。各站址的划分是按各站的码型结构不同来实现的。一般选择为随机码作地址码。一个地球站发出的信号只与它相关的接收系统才能检测出来。

(4) 空分多址（SDMA）方式。空分多址方式是在卫星上安装多个天线，这些天线的波束只向地球表面的不同区域发射的电磁波在空间不重叠，而利用天线波束的方向性分割不同区域的地球站，同一频率可以被所有波束同时使用，这就是空分多址方式。当然这种多址方式要求天线波束的指向非常准确。

空分多址方式往往要和其他多址方式组合使用，一种典型的空分多址是时分多址方式组合而成的空分多址/卫星转换/时分多址方式。

为了在不同波束覆盖的区域之间进行通信，通常在卫星上设置一个交换矩阵，通过高速切换，A、B、C三个波束中，地球站除了能和本波束中的地球站通信外，还可以和其他两个波束中的地球站进行通信。卫星转换/时分多址方式（SS-TDMA方式）中，每个地球站必须准确知道卫星上的交换矩阵的切换时间，以便控制本站发射时间，建立严格同步。

作为智能大厦的卫星电视主要是接收卫星电视节目。目前国内的智能大厦是经卫星地面站接收亚太1号卫星、美国星和日本星的节目。

四、系统的设计与应用举例

1. 站址选用原则

站址选择是指地球站所在地区确定后，站址建立在该地区的确切位置，即确定站址的经度、纬度。作为固定地球站，站址选择应遵循以下原则：

(1) 地球站必须设在卫星天线波束的有效覆盖区域内。良好的站址应使其工作仰角大于$10°$，最差也不应低于$5°$。过低的仰角将会增大接收系统的噪声温度和大气损耗，易受干扰。

(2) 地球站的卫星视界应足够宽。地球站的卫星视界是指地球站在当地地形地物条件下，可以对准与其或可能与其互相通信的卫星的仰角随方位角变化的轨迹曲线。对于移动卫星，是地球站跟踪该卫星时的方位角、仰角变化曲线。

(3) 尽可能避开地面的各种干扰源。危害最大的地面干扰为微波站及雷达设备。在选择站址时，必须先摸清所在地区微波线路及雷达站的分布情况、传送方向和工作频段。要尽可能远离这些干扰源选址，特别是同频段、同方向（或反方向）传输的微波站。工业电气设备、机场（特别是机场雷达设备）、飞机航线、高压输变电设备、电台等所产生的干扰，也应特别给予重视。

(4) 对地形环境的要求。一个地球站的天线只能指向一个卫星（多波束天线除外）。当利用静止卫星进行通信时，地球站对卫星视界只需要很窄的一个范围。但是一个通信中心站，往往会使用多颗卫星，在同一个地点建立多座天线。

为有效地阻挡各种电波干扰，要求站址四周地形地物的天线仰角越高越有利。

(5) 气象条件的要求。地球站工作的可靠性要求很高，地球站室外设备的天线系统的运转率，与气象条件密切相关。建站地区的风、雨、冰、温度及盐雾等均将直接影响到对天线的设计。在沿海地区建站，应避免在常遭强台风、飓风、龙卷风袭击的地方选址。

(6) 地质条件。站址处应具有稳定的地质条件，地面滑动和沉降要小，地质的接地电阻也应满足防雷接地和工作接地的要求。

(7) 工作条件：
1) 地球站应方便与通信交换网连接。
2) 具有方便可靠的水、电供应。
3) 站址应靠近公路便于运输。
(8) 具备较好的生活条件。
(9) 站址场地有利今后的扩充和发展。

2. 地面接收站总体设计

总体设计是在通信卫星已确定的前提下进行的，卫星一经确定，相关的工作频率及卫星的有关电参数均为已知。于是，地球站的总体设计就归结为通信体制、通信容量、信号传输质量以及地球站各分系统电参数的设计。

(1) 基带信号处理。模拟信号的基带信号处理有单边调制和采用话音压扩技术的单边带调制 (Compounded SBB, SSBC)。

信号的基带处理方面，增量调制 (DM) 和脉码调制 (PCM) 是开发最早的数字话音信号方式。差分脉码调制 (DPCM)、自适应差分脉码调制 (ADPCM) 都是在脉码调制基础上发展起来的。DPCM 较 PCM 量化精细，其量化信噪比高 6dB，在相同量化信噪比时，具有较低的比特速率，可提高通信容量。ADPCM 具有比 PCM 高 10dB 的量化信噪比，并且动态范围宽。

(2) 调制方式。在模拟调制中，调频制在卫星通信中是惟一的选择。

在数字信号的调制方式中，MFSK 及 PSK 均有应用，但各有所长。

(3) 多址连接方式。

(4) 多址分配制式。多址分配制式极大地影响信道的利用率及通信容量，但它又受多址连接方式的制约，例如，SDMA、CDMA 只能是预分配的。TDMA 有预分配也有动态分配的，而 FDMA 有预分配和按需分配。卫星通信中的分组通信，则采用随机分配。

根据不同的基带信号处理、调制方式、多址连接及多址分配制式，可组合成各种各样的通信体制。它们各具优点，应用时需根据通信业务要求及各自的国情综合考虑决定。总目标是：实现性，可行性，增加通信容量，降低成本，充分利用卫星的频带及功率。

3. 地面接收站的可靠性设计

按照国际通信卫星组织的规定，地球站在其运行的整个期间，其可靠性指标应不低于 99.8%。

据统计，地球站主要分系统的故障次数和故障时间以电源、天线为最高，而地球站通信设备和终端设备等最低，因此，电源及天线成为可靠性设计的重点。可靠性是由诸多复杂因素决定的，不同的厂家生产的相同的设备，其可靠性差异较大，因此，要把好选购设备关。

另外，地球站的全寿命期一般按 15～20 年考虑。在设计时，这一因素也应予以充分考虑。

第三节 无线寻呼

无线寻呼系统的主要用途是能随时提供固定用户与流动人员的通信联系。它适用于企业、医院和建筑工地等内部的通信，也适用于和公共电话网连接，构成公共无线寻呼系统。它的服务范围可以是一个局部地区，也可以扩大到一个城市、一个地区甚至全国。

无线寻呼系统是一种单向单工的通信系统。一个典型的公共无线寻呼系统如图 2-3 所示，它由中央基地台和若干个分基地台以及很多无线呼叫接收机组成。中央基地台通过有线和市话分局相连，接入市话网。

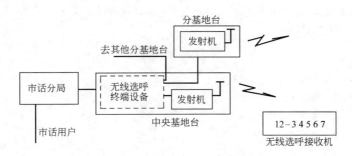

图 2-3 无线寻呼系统的构成

系统的工作过程是：假如需要呼叫号码是 12-34567 这个号码，12 是市话分局的局号，接通该分局后，通过它将 34567 号码送至中央基地台，由中央基地台的无线选呼终端设备将该号码记忆下来，并把来自有线的拨号信号变换成相应的无线选择呼叫信号（单音组合或数码），然后通过中央基地台和各分基地台的发射机将选呼信号发射出去。地址码为 12-34567 的选呼接收机收到来自发射机的信号并解码，因信号和自己的地址码符合，所以引起响应而产生一个听觉、视觉或触觉的报警信号，使被叫人员知道有人找他。被叫者可以使用就近的有线话机向预定地点的人员咨询被呼叫的原因。功能更强的寻呼系统，可以给被叫用户更多的信息量，例如，可以用不同的单音（音调或断续时间），表示不同信息内容，带有显示器的选呼接收机，可以显示由字符组成的简短信息。有的选呼接收机还带有简单的回信装置等。

由于无线呼叫系统只传送选呼信号和简单的信息，因此一个无线波道能为数万个用户服务。选呼接收机体积小、重量轻，可以装在上衣口袋内，或戴在手腕上，个人携带和使用都很方便。

由图 2-3 可见，无线呼叫系统的主要设备有无线选呼终端设备、发射机和选呼接收机。无线选呼终端的重要功能是：由用户号码检验电路检验来自有线网的呼叫号码，如果号码是正确的，则向主呼用户发出"你的呼叫已被接收并进行选呼"的信号；如果是错误的，则向主呼用户发出"你所拨的号码是错误的，请查对"的信号。然后，将正确的信号存入存贮器，再经编码器变换成无线寻呼许可的寻呼信号，送至发射机。

发射机一般采用调频制。工作频段宜用 150MHz 至 400MHz。发射机频率稳定度通常优于 $\pm 5 \times 10^7$，为保证工作可靠，通常应用备用发射机。

选呼接收机通常是二次超外差式的，并且采用集成电路、小型电池和电源开关，体积小、重量轻、耗电省。

无线呼叫系统常用于旅馆、宾馆、医院和商业大楼内，利用发送无线电信号，来寻找离开办公室或工作岗位的人员，以便取得联系。它与有线电话小交换机配套，组成高层楼宇完整的现代化通信网络。

发射机功率为 2~5W，可调，大楼内规定使用功率为 2W，发射频率为 40.75MHz。设有 3 支发射天线，共有 50 部分机，大楼的主要管理人员都配备有无线呼叫分机。这种传呼分机一般不设对讲功能，而是根据分机所显示的主叫号码，就近用有线电话联络。

本 章 小 结

本章重点介绍了无线通信系统的构成、通信方式、工作原理以及设计应用方面的相关知识，要求学生重点掌握系统的构成和设计应用。

复习思考题

1. 区域数字无线电话系统的基本结构。
2. 卫星通信系统的构成。
3. 无线寻呼系统的构成及工作原理。

第三章 共用天线电视和卫星电视接收

第一节 共用天线电视系统概述

随着电视的发展和普及，其数量越来越多，分布越来越广。接收图像质量高、效果好的电视节目就成为迫切需要解决的问题。远离电视台的偏僻地区电视信号微弱，即使是靠近电视台的城市，由于用钢筋水泥建造的高层建筑较多，对以直线传播的电视信号会造成各种折射、反射，高层建筑造成的阴影区，使电视信号过于微弱，使用室内天线很难保证接收图像的质量，尤其对彩色电视接收机更为严重，使用室外天线能解决一部分问题，但接收机过多，室外天线林立，杂乱无章，相互之间又会产生干扰，影响收看效果。同时，各户独立的室外天线不仅会对有色金属造成浪费，处理不当，雷电还会造成人机危害。除此之外，架设过多的天线也会影响建筑物的寿命和美观。

20世纪40年代出现的共用天线电视系统（国际上称之为 Community Antenna Television，CATV）解决了远离电视台的偏僻地区及高层建筑密集的城市的电视接收问题。它是多台电视接收机共用一套天线的设备。随着经济文化的发展，电视接收用户不只是要能收看到高质量的电视节目，而且要收看到更多的电视节目。共用天线电视系统设备的改进和技术的提高，系统由原来只能传输几个频道信号的小容量系统发展到能传输几十个频道的大容量系统，用户从几十个发展到上万个的大系统，而且CATV系统可以为用户提供高质量的开路电视节目、闭路电视节目、广播卫星电视节目、付费电视节目、图文电视节目。目前的CATV就不再仅是共用天线系统，它已被赋予了新的含义，已成为无线电视的延伸、补充和发展。它正朝着宽带、双向，各种业务的信息网发展。由于光缆技术的进步和价格的降低，传输线已开始逐渐被光缆取代。电视是现代住宅小区、宾馆、写字楼不可缺少的室内设备，因此，共用天线电视系统已成为现代建筑弱电系统中应用最为普遍的系统之一。

一、系统的组成

共用天线电视系统一般由前端接收部分、干线传输部分和用户分配网络部分组成，如图3-1所示。

1. 前端系统

前端系统是CATV系统最重要的组成部分之一，这是因为前端信号质量不好，则后面其他部分是较难补救的。

前端系统主要包括电视接收天线、频道放大器、频率变换器、自播节目设备、卫星电视接收设备、导频信号发生器、调制器、混合器以及连接线缆等部件。CATV系统的前端系统主要作用有如下几个方面：

(1) 将天线接收的各频道电视信号分别调整到一定电平值，然后经混合器混合送入

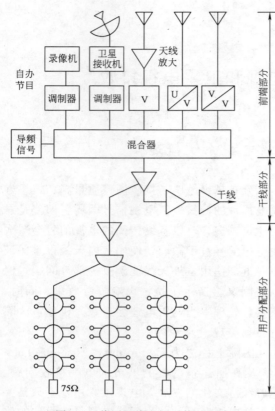

图 3-1 共用天线电视系统的组成

干线。

(2) 必要时将电视信号变换成另一频道的信号,然后按这一频道信号进行处理。

(3) 向干线放大器提供用于自动增益控制,和自动斜率控制的导频信号。

(4) 自播节目通过调制器后,成为某一频道的电视信号而进入混合器。

(5) 卫星电视接收设备输出的视频信号通过调制器成为某一频道的电视信号进入混合器。

(6) 对于交互式电视系统还要有加密、计算机管理、调制-解调等功能。

2. 干线传输系统

干线传输系统是把前端接收处理、混合后的电视信号,传输给用户分配系统的一系列传输设备,主要有各种类型的干线放大器和干线电缆。为了能够高质量高效率地输送信号,应当采用优质低耗的同轴电缆或光缆。同时,采用干线放大器,其增益应正好抵消电缆的衰减,即不放大也不减小。在主干线上应尽可能减少分支,以保持干线中串接放大器数量最少。如果要传输双向节目,必须使用双向传输干线放大器,建立双向传输系统。

干线放大器有不同的类型,有双向和单向干线放大器等。根据干线放大器的电平控制能力,主要分为以下几类:

(1) 手动增益控制和均衡型干线放大器。

(2) 自动增益控制(AGC)型干线放大器。

(3) AGC 加自动斜率补偿型放大器。

(4) 自动电平控制(ALC)型干线放大器,并包含有自动增益控制和自动斜率控制(ASC)两个功能。

干线设备除了干线放大器和干线电缆外,还有电源和电流通过型分支器、分配器等。对于长距离传输的干线系统还要采用光缆传输设备,即光发射机、光分波器、光合波器、光接收机、光缆等。

3. 用户分配网络

用户分配网络的主要设备有分配放大器、分支分配器、用户终端、机上变换器。对于双向电缆电视系统还有调制解调器和数据终端等设备。

用户分配网络的主要作用如下:

(1) 将干线送来的信号放大到足够电平。

(2) 向所有用户提供电平大致相等的电视信号，使用户能选择到所需要的频道和准确无误地解密或解码。

(3) 系统输出端具有隔离特性，保证电视接收机之间互不干扰。

(4) 借助于部件输入与输出端的匹配特性，保证系统与电视接收机之间有良好的匹配。

(5) 对于双向电缆电视还需要将上行信号正确地传输到前端。

二、系统的分类

共用天线电视系统的分类方法很多，主要有：

1. 按系统的大小规模分类

可分大型系统（A 类系统）、中型系统（B 类系统）、中小型系统（C 类系统）和小型系统（D 类系统），见表 3-1。

系统大小规模分类　　　　　　　　　　表 3-1

系统类别	用户数量	适用地点
A（大型）	10000 以上	城市有限电视网、大型企业生活区
B（中型）	3000～10000	住宅小区、大型企业生活区
C（中、小型）	500～3000	城市大楼、城镇生活区
D（小型）	500 以下	城乡居民、大楼

2. 按系统工作频率分类

有全频道系统、300MHz 邻频传输系统、450MHz 邻频传输系统、550MHz 邻频传输系统、750MHz 邻频传输系统，见表 3-2。

系统工作频率分类　　　　　　　　　　表 3-2

名　称	工作频率	频道数	特　点
全频道系统	48.5～550MHz	VHF：DS1～12 频道 UHF：DS13～68 频道 理论上可容纳 68 个频道	1. 只能采用隔频道传输方式； 2. 受全频道器件性能指标限制； 3. 实际上可传输约定 2 个频道左右； 4. 适于小系统，传输距离小于 1km
300MHz 邻频传输系统	48.5～300MHz	考虑增补频道，最多 28 个频道 DS1～12，Z1～Z16（DS5 一般不用）	1. 因利用增补频道，用户须增设一台机上变换器； 2. 适于中、小系统
450MHz 邻频传输系统	48.5～450MHz	最多 48 个频道 DS1～12，Z1～Z36	适于大、中系统
550MHz 邻频传输系统	48.5～550MHz	最多 58 个频道 DS1～22，Z1～Z36	1. 可传输 22 个标准 DS 频道； 2. 便于系统扩展
750MHz 邻频传输系统	48.5～750MHz	最多 78 个频道 DS1～42，Z1～Z36	1. 可用光纤传输，适用于高速公路发展； 2. 正处于试用阶段

3. 按传输介质或传输方式分类

有同轴电缆、光缆及其混合型、微波中继、卫星电视等。

4. 按用户地点或性质分类

有城市系统、乡村系统、住宅小区系统等。

从工程设计和管理考虑，一般采用按系统的大小规模或工作频率分类。

三、系统的频道

由于采用的制式不同，各国的电视频道都不相同。我国采用的视频带宽为6MHz。因此，在电视频道上规定每8MHz为一个频道所占的频带，伴音载频和图像载频相隔为6.5MHz。目前，已规定在"Ⅰ"频段划分为5个频道，"Ⅲ"频段划分为7个频道，"Ⅳ"频段分为12个频道，"Ⅴ"频段划分为44个频道。总共在甚高频（VHF）频段有12个频道，在超高频（UHF）频段有56个频道，"Ⅱ"频段划分给调频广播和通信专用，频率波段在88～108MHz。我国的电视频道划分如表3-3所示。电视频道配置如图3-2所示。

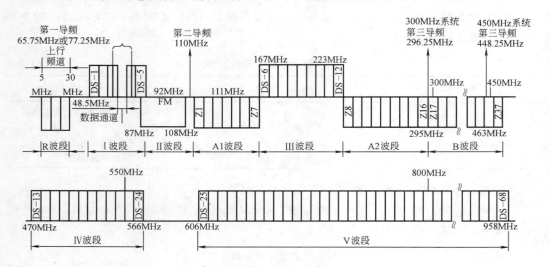

图3-2 我国电视频道配置图

我国电视频道划分　　　　表3-3

波段	电视频道	频率范围(MHz)	中心频率(MHz)	图像载波(MHz)	伴音载波(MHz)
Ⅰ波段	DS-1	48.5～56.5	52.5	49.75	56.25
	DS-2	56.5～64.5	60.5	57.75	64.25
	DS-3	64.5～72.5	68.5	65.75	72.25
	DS-4	76～84	80	77.25	83.75
	DS-5	84～92	88	85.25	91.75
Ⅱ波段 （增补频道A1）	Z-1	111～119	115	112.25	118.75
	Z-2	119～127	123	120.25	126.75
	Z-3	127～135	131	128.25	134.75
	Z-4	135～143	139	136.25	142.75
	Z-5	143～151	147	144.25	150.75
	Z-6	151～159	155	152.25	158.75
	Z-7	159～167	163	160.25	166.75
Ⅲ波段	DS-6	167～175	171	168.25	174.75
	DS-7	175～183	179	176.25	182.75
	DS-8	183～191	187	184.25	190.75
	DS-9	191～199	195	192.25	198.75
	DS-10	199～207	203	200.25	206.75
	DS-11	207～215	211	208.25	214.75
	DS-12	215～223	219	216.25	222.75

续表

波段	电视频道	频率范围(MHz)	中心频率(MHz)	图像载波(MHz)	伴音载波(MHz)
A2波段 (增补频道)	Z-8	223~231	227	224.25	230.75
	Z-9	231~239	235	232.25	238.75
	Z-10	239~247	243	240.25	246.75
	Z-11	247~255	251	248.25	254.75
	Z-12	255~263	259	256.25	262.75
	Z-13	263~271	267	264.25	270.75
	Z-14	271~279	275	272.25	278.75
	Z-15	279~287	283	280.25	286.75
	Z-16	287~295	291	288.25	294.75
B波段 (增补频道)	Z-17	295~303	299	296.25	302.75
	Z-18	303~311	307	304.25	310.75
	Z-19	311~319	315	312.25	318.75
	Z-20	319~327	323	320.25	326.75
	Z-21	327~335	331	328.25	334.75
	Z-22	335~343	339	336.25	342.75
	Z-23	343~351	347	344.25	350.75
	Z-24	351~359	355	352.25	358.75
	Z-25	359~367	363	360.25	366.75
	Z-26	367~375	371	368.25	374.75
	Z-27	375~383	379	376.25	382.75
	Z-28	383~391	387	384.25	390.75
	Z-29	391~399	395	392.25	398.75
	Z-30	399~407	403	400.25	406.75
	Z-31	407~415	411	408.25	414.75
	Z-32	415~423	419	416.25	422.75
	Z-33	423~431	427	424.25	430.75
	Z-34	431~439	435	432.25	438.75
	Z-35	439~447	443	440.25	446.75
	Z-36	447~455	451	448.25	454.75
	Z-37	455~463	459	456.25	462.75
Ⅳ波段	DS-13	470~478	474	471.25	477.75
	DS-14	478~486	482	479.25	485.75
	DS-15	486~494	490	487.25	493.75
	DS-16	494~502	498	495.25	501.75
	DS-17	502~510	506	503.25	509.75
	DS-18	510~518	514	511.25	517.75
	DS-19	518~526	522	519.25	525.75
	DS-20	526~534	530	527.25	533.75
	DS-21	534~542	538	535.25	541.75
	DS-22	542~550	546	543.25	549.75
	DS-23	550~558	554	551.25	557.75
	DS-24	558~566	562	559.25	565.75
Ⅴ波段	DS-25	606~614	610	607.25	613.75
	DS-26	614~622	618	615.25	621.75
	DS-27	622~630	626	623.25	629.75
	DS-28	630~638	634	631.25	637.75
	DS-29	638~646	642	639.25	645.75
	DS-30	646~654	650	647.25	653.75
	DS-31	654~662	658	655.25	661.75
	DS-32	662~670	666	663.25	669.75
	DS-33	670~678	674	671.25	677.75
	DS-34	678~686	682	679.25	685.75
	DS-35	686~694	690	687.25	693.75
	DS-36	694~702	698	695.25	701.75

续表

波段	电视频道	频率范围(MHz)	中心频率(MHz)	图像载波(MHz)	伴音载波(MHz)
V波段	DS-37	702~710	706	703.25	709.75
	DS-38	710~718	714	711.25	717.75
	DS-39	718~726	722	719.25	725.75
	DS-40	726~734	730	727.25	733.75
	DS-41	734~742	738	735.25	741.75
	DS-42	742~750	746	743.25	749.75
	DS-43	750~758	754	751.25	757.75
	DS-44	758~766	762	759.25	765.75
	DS-45	766~774	770	767.25	773.75
	DS-46	774~782	778	775.25	781.75
	DS-47	782~790	786	783.25	789.75
	DS-48	790~798	794	791.25	797.75
	DS-49	798~806	802	799.25	805.75
	DS-50	806~814	810	807.25	813.75
	DS-51	814~822	818	815.25	821.75
	DS-52	822~830	826	823.25	829.75
	DS-53	830~838	834	831.25	837.75
	DS-54	838~846	842	839.25	845.75
	DS-55	846~854	850	847.25	853.75
	DS-56	854~862	858	855.25	861.75
	DS-57	862~870	866	863.25	869.75
	DS-58	870~878	874	871.25	877.75
	DS-59	878~886	882	879.25	885.75
	DS-60	886~894	890	887.25	893.75
	DS-61	894~902	898	895.25	901.75
	DS-62	902~910	906	903.25	909.75
	DS-63	910~918	914	911.25	917.75
	DS-64	918~926	922	919.25	925.75
	DS-65	926~934	930	927.25	933.75
	DS-66	934~942	938	935.25	941.75
	DS-67	942~950	946	943.25	949.75
	DS-68	950~958	954	951.25	957.75

四、系统的技术指标

CATV系统的主要技术参数分为两类：

1. 电平参数

目的是给电视机提供一个最佳输入电平的范围。如果电视机的输入电平太高，会在电视机高频头的放大器中产生非线性失真，使图像质量下降。反之，当电视机的输入电平太低，则会受到电视机高频头噪声系数的影响，使用户看到的图像信噪比不符合接收要求，图像质量也会下降。因此电视机要有一个适中的电平输入范围，使电视信号图像质量保障收看要求。这就是电平指标的意义。

2. 图像质量参数

电视信号的电平指标合适并不能一定保证图像质量高，因为电平的含意只是信号的强弱，并不涉及信号质量的好坏，当信号中掺杂了许多干扰信号时，就不会收看到高质量的图像。

国标GB 6510—86中规定的电缆电视系统的性能指标见表3-4。当电视信号质量中的11项参数达不到标准要求时，就会出现图像质量问题，见表3-5。

电缆电视系统的主要技术指标 表 3-4

项 目			广播电视	调频广播
频率范围(MHz)			30～1000	
系统输出电平	电平范围(dBμV)		57～83(VHF 段) 60～83(UHF 段)	37～80(单声道) 47～80(双声道)
	频道间电平差	任意频道(dB)	≤15(UHF 段) ≤12(VHF 段) ≤8(VHF 段中任意 60MHz 内) ≤9(UHF 段中任意 100MHz 内)	≤8(VHF 段)
		相邻频道(dB)	≤3	≤6(VHF 段中任意 600kHz 内)
	图像与伴音差(dB)		≥3	
	频道内幅度/频率特性(dB)		任意频道内幅度变化不大于±2dB；在 0.5MHz 内，幅度变化不大于 0.5dB	任意频道内幅度变化不大于 3dB；在载频的 75kHz，变化斜率每 10kHz 不大于 0.36dB
信号质量	载噪比(dB)		≥43(噪声带宽 $B=5.75MHz$)	≥41
	载波互调比(dB)		≥57(宽带系统单频干扰) ≥54(频道内干扰)	待定
	交扰调制比(dB)		≥46	
	信号交流比(dB)		≥46	
	回波值(%)		≤7	
	微分增益(%)		≤10	
	微分相位(度)		≤12	
	色/亮度时延差(ns)		≤100	
	频率稳定度	频道频率(kHz)	±75(本地) ±20(邻道)	±12
		图像伴音频率(kHz)	±20(邻道)	
系统输出口相互隔离(dB)			≥22	
特性阻抗(Ω)			75	

影响电视图像质量的参数 表 3-5

出现不合格的图像质量参数	影响电视图像的现象
载噪比	出现雪花干扰
载波互调比	出现网纹干扰
交扰互调比	出现背景干扰
信号交流声比	出现滚道
回波值	出现重影
微分增益	出现饱和度随亮度变化
微分相位	出现色度随亮度变化
色/亮度时延差	出现色彩镶边
频道频率	出现频道间互相干扰或图像伴音质量劣变
图像伴音频率	出现伴音失真
系统输出口相互隔离	出现电视间相互干扰

五、系统的分贝计算方法

1. 分贝的概念

放大器的电压增益表示放大器的放大程度,它定义为放大器输出信号电压与输入信号电压的比值(放大倍数),用公式表示为:

$$K_U = \frac{\text{输出电压}}{\text{输入电压}} = \frac{U_o}{U_i}$$

在电视技术术语中,常用分贝来表示放大倍数的大小,例如一个放大器的输出功率为 P_o,输入功率为 P_i(如图3-3所示),则其功率放大倍数为 $K_P = P_o/P_i$,而用分贝表示的功率放大倍数为 G_P。

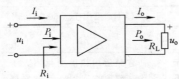

图3-3 放大器的增益计算

$$G_P = 10 \lg \frac{P_o}{P_i} = 10 \lg K_P \quad (\text{dB})$$

例如,放大器的 $P_o = 1W$,$P_i = 1mW$ 则用分贝表示的功率放大倍数为:

$$G_P = 10 \lg \frac{1}{10^{-3}} = 30 \text{dB}$$

如果 $P_o = P_i$,则功率的增益为 0。用分贝表示使计算放大器的增益更为方便。为了和功率放大倍数 K_P 相区别,常把用分贝表示的 G_P(dB)称为"功率增益"。因此功率增益可以表示为:

$$G_P(\text{dB}) = 10 \lg \frac{U_o^2/R_L}{U_i^2/R_i} = 20 \lg \frac{U_o}{U_i} + 10 \lg \frac{R_i}{R_L} \quad (\text{dB})$$

因为 U_o/U_i 是放大器的电压放大倍数 K_U,所以把 $20 \lg (U_o/U_i)$ 称作放大器的电压增益,用 G_U 表示。即:

$$G_U = 20 \lg \frac{U_o}{U_i} = 20 \lg K_U \quad (\text{dB})$$

$$G_P = G_U + 10 \lg \frac{R_i}{R_L} \quad (\text{dB})$$

从上式可见,只有在 $R_i = R_L$ 的情况下,$10 \lg (R_i/R_L) = 0(\text{dB})$,这时功率增益才等于电压增益,即 $G_P = G_U$,或者讲,其增益等于输出电平与输入电平之差,即 $20 \lg U_o - 20 \lg U_i$。如果 $R_i \neq R_L$,则它们之间相差一个因数 $10 \lg (R_i/R_L)$。

【例3-1】 某放大器输入信号为 $30\mu V$,输出信号为 $3000\mu V$,求放大器的电压增益是多少分贝?

【解】
$$G_U = 20 \lg \frac{U_o}{U_i} = 20 \lg \frac{3000}{30} = 40 \quad (\text{dB})$$

表3-6给出了电压增益分贝(dB)数与电压比(U_o/U_i)的对照表(近似值),以便估算时查阅。

分贝(dB)数与电压比(U_o/U_i)的对照表　　　　表3-6

分贝(dB)	电压(U_o/U_i)比值		分贝(dB)	电压(U_o/U_i)比值	
	放大($U_o>U_i$)	衰减($U_o<U_i$)		放大($U_o>U_i$)	衰减($U_o<U_i$)
0.1	1.01	0.989	2.0	1.26	0.794
0.5	1.06	0.944	3.0	1.41	0.708
1.0	1.12	0.891	6.0	2.0	0.501

续表

分贝(dB)	电压(U_o/U_i)比值		分贝(dB)	电压(U_o/U_i)比值	
	放大($U_o>U_i$)	衰减($U_o<U_i$)		放大($U_o>U_i$)	衰减($U_o<U_i$)
8.0	2.51	0.398	50	316	$3×10^{-3}$
10	3.16	0.316	60	1000	$1×10^{-3}$
15	5.62	0.178	70	3160	$0.3×10^{-3}$
20	10.0	0.1	75	5600	$2×10^{-4}$
26	20.0	0.050	80	10000	$1×10^{-4}$
40	100	0.010	100	100000	$1×10^{-5}$

【例 3-2】 (1) 如图 3-4 (a) 所示，当输入 $U_i=200\mu V$ 信号通过电压增益为 6dB 的放大器时，求其输出 U_o。

(2) 如图 3-4 (b) 所示，由 (a) 所求的输出再通过电压增益为 20dB 的放大器时，求其输出 U_o。

(3) 如图 3-4 (c) 所示，当输入 $U_i=200\mu V$ 信号通过串接电压增益为 6dB 和 20dB 的放大器时，求其输出 U_o。

【解】 (1) $U_i=200\mu V$（由表 3-6 可以查得）6dB 的电压比 $U_o/U_i=2$，因此 $U_o=400$ (μV)

(2) 此时 $U_i=400\mu V$，由表 3-6 可以查得 20dB 的电压比 $U_o/U_i=10$，因此 $U_o=4$ (mV)

(3) 当把这两个放大器串接起来后，那么两者的总电压增益 $G_U=6dB+20dB=26dB$。由表 3-6 可查得 26dB 的电压比 $U_o/U_i=20$。当输入为 $200\mu V$ 时，其输出仍然是 4mV（即 $G_U=20\lg U_o/U_i=20\lg 20=26dB$）。

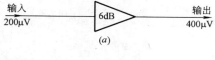

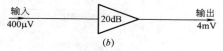

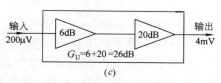

图 3-4 例 2 dB 的计算
(a) 6dB 放大器；(b) 20dB 放大器；(c) 放大器串接

当电视信号在传上输线（如同轴电缆）上传送时，由于线路损耗，必然要引起信号电压的衰减，亦即传输线的输出电压将比其输入电压小。这时仍然可以用分贝数来表示传输线的电压衰减，只不过其分贝数为负值（这是因为 $U_o/U_i<1$，其对数为负值之故。）

2. 参考电平

参考电平分贝数只是一个比值，它并不能表示一个信号电平的高低。如果设定输入信号 U_i 为一个标准电平，通常设定标准电平为 $1\mu V$，这时分贝数就可以相对地表示出输出信号 U_o 电平的大小。在 CATV 系统中，在 75Ω 条件下，当输出电平也是 $1\mu V$ 时，则称为 0dB，写作 $0dB\mu V$。若输出电平为 $10\mu V$ 时，则称为比标准电平提高了 10 倍，称为 20dB 的增益，这个 $10\mu V$ 可以表示为 $20dB\mu V$ 的增益。dB 与 $dB\mu V$ 是不同的，dB 数表示一个比值，而 $dB\mu V$ 则表示一个信号电平。在电路系统中任何一个点都可以用 $dB\mu V$ 值来判断信号电平的大小，这正是用 $dB\mu V$ 的优点。表 3-7 给出了几个 $dB\mu V$ 值与电平的关系。

3. 参考电平的运用

表 3-7 dBμV 与电平对照表

dBμV	电平(μV)	dBμV	电平(mV)	dBμV	电平(mV)
0	1	60	1.000	84	15.86
6	1.995	65	1.778	85	17.78
10	3.163	66	1.995	86	19.95
14	5.012	68	2.512	90	31.62
20	10.00	70	3.162	95	56.23
30	31.62	74	5.012	100	100
40	100.0	75	5.623	105	177.8
46	199.5	76	6.310	110	316.2
52	398.1	78	7.943	115	562.3
55	562.3	80	10.0	120	1000

当所计算的电路中包含有许多增益量和衰减量时,首先需将输入或输出电压变换成相应的 dBμV 值,然后直接用分贝数加(增益)、减(衰减),即可求得结果。

【例 3-3】 利用 dBμV 与电平对照表求图 3-4(a)和图 3-5 的输出电压。

【解】 在图 3-4(a)中,输入信号电平为 200μV,查表 3-7 可知它的对应 dBμV 值是 46dBμV,所以在放大器输出端的信号电平则是:46+6=52(dBμV)查表 3-7,转换成电压则是:52dBμV=400μV,故,输出电压为 400μV。

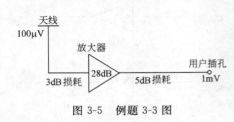

图 3-5 例题 3-3 图

在图 3-5 所示的电路中,查表 3-7 可得输入天线的信号电平为 100μV=40dBμV,那么,在用户插孔处得到的信号电平将是 40-3+28-5=60(dBμV),查表 3-7,将其转换成电压则是:60dBμV=1mV,故输出电压为 1mV。

第二节 前端系统

前端系统包括从天线到分配系统的所有部件,它是系统的心脏。前端主要由天线、放大器、混合器、分配器等组成,对于复杂系统,还可能有天线放大器、U/V 变换器。它的任务是把从天线接收到的各种电视信号,经过处理后,恰当地送入分配网络。前端设备是根据天线输出电平的大小和系统的要求来设计的,其质量的好坏,对整个系统的音像质量起关键作用。

一、接收信号源

CATV 的接收信号源通常包括广播电视接收天线(如单频道天线、分频段天线及全频道天线)、FM 天线、卫星直播地面接收站、视频设备(录像机、摄像机)、音频设备、电视转播车及计算机等。其主要功能是接收并输出图像和伴音信号。在目前建设的 CATV 系统中,最主要的部件是接收广播电视节目的天线,因为它能接收许多频道的电视节目,在电缆电视系统传输的节目中占有很大的比例。

天线有无源天线和有源天线两种。有源天线可使天线系统实现高增益、高信噪比接收,通常把天线放大器安装在天线的竖杆上,可以把它看成天线的一部分。天线及天线放大器直接影响接收信号的质量，因此不仅要注意天线系统本身的质量、安装架设位置，同时还要注意使它和前端设备间有良好的匹配，这对于减少信号反射，减少重影都是非常有效的。

二、接收天线

接收天线是CATV系统的大门，它能使电视信号无线电波顺利进入系统。因此系统信号质量的好坏，与接收天线关系极大。

1. 接收天线的功能

（1）接收电磁波能量。将其转换成电势和高频电流通过馈线送给CATV的前端设备进行信号处理或送给电视接收机。

（2）增加电视信号的有效传播距离。采用多单元高增益天线，提高天线架设高度，可实现电视信号的远距离接收。

（3）提高接收电视信号的质量。当电视图像由于反射波造成重影时，可以用方向性强的电视接收天线，改变直射波和反射波的比例，以消除重影，改善电视图像质量。

2. 系统对接收天线的要求

（1）有较高的增益和信噪比，以提高系统接收效果。

（2）良好的频率特性。为了获得清晰的图像和伴音，要求接收天线有足够的频带宽度，一般略大于8MHz。若天线的频率特性不好，其水平清晰度会下降，尤其对彩色电视，若接收天线频带过窄，使彩色图像无法重现。

（3）较好的方向性。接收天线的方向性与电视接收质量关系很大，较高的方向指标，有利于抗干扰和抗重影。

（4）有良好的匹配特性。天线的阻抗与传输线阻抗基本相等，以减少反射波对系统的干扰。

（5）机械强度高、天线尺寸小、耐腐蚀，并采取必要的避雷措施，以提高系统的安全性和可靠性。系统的接收天线，都是装在高层建筑物顶上的，长年经受风吹雨打，因此，要求机械强度高。在沿海地区，还受盐雾侵蚀，因此，对接收天线不仅要求机械强度高，还要能耐腐蚀。天线尺寸小、重量轻、便于架高和减小风的张力。

3. 接收天线的分类

天线可按不同的方法分类，最常用的方法及类型有：

（1）按天线的结构形式的不同可分为：八木天线、双环天线、对数周期天线、菱行天线、抛物面天线和特殊功能（如抗重影、列阵天线）的接收天线等。

（2）按天线接收频道可分为：

1）单一频道专用接收天线；

2）多频道（宽频带）专用接收天线。

（3）按天线接收安装位置可分为：室内天线、室外天线。

4. 天线的基本单元及参数

为了减少工业干扰和无线电广播的垂直极化波的影响以及减少支持物（如铁塔）的感应辐射，电视发射采用水平极化天线，电视接收也随之采用水平极化天线。这种天线的振子总是水平放置的。

(1) 半波振子，又叫半波偶极子。它是复杂天线的最基本单元，也是一种最简单的天线。将水平放置的长度为 λ/2（λ 为某一电视信号的波长）的导体的中间部分去掉 4～6mm，使之等分成两段，然后固定并水平放置就构成了半波振子，如图 3-6 所示。

天线的基本参数有辐射阻抗、波瓣宽度、增益、频带宽度、电压驻波比以及天线有效长度等。

(2) 半波折合振子。图 3-7（a）是长度为 λ 的振子上的电流分布图。若把右端折弯成图 3-7（b）的形状，由于两端点电流为零，电位相同，故可将两端点接通，成为图 3-7（c）所示的形状，这就是半波折合振子。

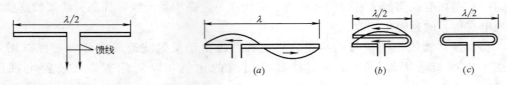

图 3-6 半波振子　　　　　　图 3-7 半波折合振子

所谓半波折合振子，是指折合振子的导线间距比起波长来小得多，两电流相位又相同，因此对远区辐射场来说，可以看成是半波振子。半波折合振子的电流比起半波振子要大一倍。

(3) 多元振子天线。半波振子和折合振子作为简单的接收天线用时，其增益低、方向性不强（即各向具有相同的接收能力），因此它们只适用于信号强、干扰小的地区。当接收点远离电视台、信号较弱，或虽信号强但干扰严重的地区，则须采用高增益的定向天线。日本东北大学教授八木秀次发现，若将半波振子、折合振子组成图 3-8 所示结构形式，则可提高增益和增强方向性，于是就诞生了多元振子天线，又叫八木天线。组成多元天线的半波折合振子起馈电作用，故称馈电振子或有源振子，较有

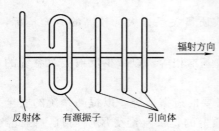

图 3-8 多元天线结构及名称

源振子长（一般远大于 λ/2）的振子起反射作用，故称反射器或反射体。其余半波振子起引向作用，故称引向器或引向体。多元天线的单元数等于振子总数。

(4) 宽频带天线。以上所述的是频道专用天线（单频道天线），它通常是用来接收一个特定频道的电视信号。CATV 系统接收和传送的信号往往不是一个频道，因而有时要使用宽频带天线。

宽频带天线从频带上分，大致有以下几种：

1) VHF 接收天线：

低频段接收天线（1～5 频道）。

高频段接收天线（6～12 频道）。

全频段接收天线（1～12 频道）。

2) UHF 接收天线：

低频段接收天线（3～36 频道）。

高频段接收天线（37～68 频道）。

低频段接收天线（13～24 频道）。
中频段接收天线（25～44 频道）。
高频段接收天线（45～68 频道）。

3）UHF 接收天线：
全频段接收天线（13～68 频道）。
全频道接收天线（1～68 频道）。

在 CATV 系统中常用电气指标比较高的对数周期天线。它可有很宽的工作频带，稳定的输出阻抗，因此它不仅适用于所有的电视频道，甚至微波波段也能应用。

图 3-9 所示为全频道对数周期天线。它不但可以工作在 VHF 频段，而且还可以接收 470～770MHz 的特高频电视广播。它是在一条绝缘板上，安装 27 个单元构成的。每个单元都是两根对称的金属管，由最短的单元开始数，第 1～9 单元工作在特高频道，第 14～27 单元工作在甚高频道。为保持整体特性过渡平稳、频带连续，增设了第 10～13 四个过渡耦合元件。

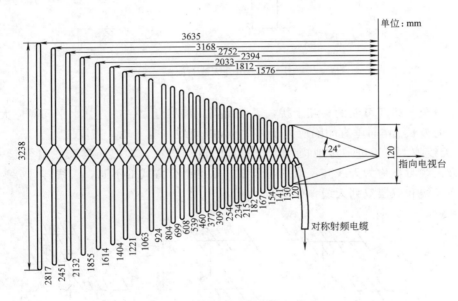

图 3-9　全频道对数周期天线

对数周期天线的工作原理与多元振子天线相似。对某一信号频率来讲，接近该信号 $\lambda/2$ 波长的几个单元参与工作（参与工作的单元所在的区域称为谐振区），参与工作的单元就组成一个多单元振子天线，如某信号的频率刚好等于第 n 个对称振子的谐振频率时，该振子就获得激励，它相当于多元振子天线中的有源振子，较长相邻（第 $n+1$ 个）振子相当于反射器，而较短相邻（第 $n-1$ 个）振子相当于引向器。谐振区的位置取决于接收信号的频率，它随接收信号频率的不同，而相应地前后移动，而且同一振子在接收不同频率信号时所起的作用也不同。

(5) 改善天线性能的措施：

1）组合天线。前面介绍的对数周期天线虽具有很宽的频带，能接收多个频道的电视信号，与频道专用天线相比还可减少信号混合的麻烦，但是就其增益和方向性来讲，却不如单频道专用天线。因此,它只适用于各频道信号接收电平相差不多,干扰较小的地区。然而在大多数情况下,很难满足这些条件。解决这一矛盾的有效措施是采用天线的组合使用,即根据接收频道的要求,把低频段天线与高频段天线、高频段天线与频道专用天线,或低频段天线与频道专用天线组合在一起使用,习惯把这种形式的天线称组合天线。这种天线既具有全频道天线频带宽的特点,又保持了频段和频道专用天线的优点。所以组合天线用于全频道接收时,比全频道天线的性能要好,组合天线最适用于作 CATV 系统的天线。

天线的组合分水平组合和垂直组合,如图 3-10 所示。

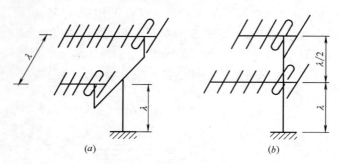

图 3-10 组合天线与间距
(a) 水平组合;(b) 垂直组合

为了避免天线间可能的相互干扰,天线间隔距离尽量大一些,其水平间隔应大于最低频道信号的波长 λ,而垂直间隔应大于 $\lambda/2$,天线离地(电气地)高度应大于 λ。

2) 天线阵。为了进一步地提高天线的方向性和增益,常把同类天线组合起来使用,这种组合天线习惯称为天线阵,或列阵天线。根据组合方式的不同,天线阵可分为双层天线、双列天线和双层双列天线,如图 3-11 所示。

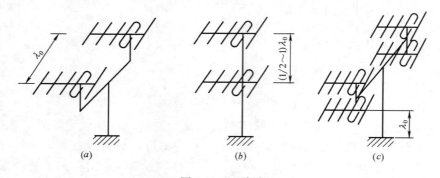

图 3-11 天线阵
(a) 双层天线;(b) 双列天线;(c) 双层双列天线

三、前端设备

1. 信号放大器

所谓信号放大器,是 CATV 系统内的各种高频放大器的总称。它们的作用是放大接收天线接收下来的信号功率,补偿 CATV 系统中的各种损耗(如混合器、分配器、分支器的插入损耗,传输电缆的损耗以及其他各类附加损耗),以保证各用户端具有满足设计要求的电平。

放大器的性能指标主要有：

（1）增益。放大器的输出功率与输入功率之比（用分贝表示）称为增益。如前所述，当放大器输入输出阻抗相同时，其增益等于输出电平与输入电平之差。

在 CATV 系统中，应根据放大器不同的用途选择放大器增益，并且选择增益时还需使系统有较高的信噪比、较小的交扰调制和相互调制干扰。满足这一原则的增益，称实用增益。

放大器的增益可在其范围内调整。一般要求放大器在不改变输入信号电平的情况下，使放大器输出电平有一个可调的范围，即要求放大器的增益可调。调整的范围通常有两种表示方法：

1）给出最大增益和可以向低方向调整分贝数（10dB 以上），如图 3-12（a）。

2）给出标准增益和可以正负方向调整分贝数（±3dB），如图 3-12（b）。

无论是那种方法，向负方向调整都应留有余地。

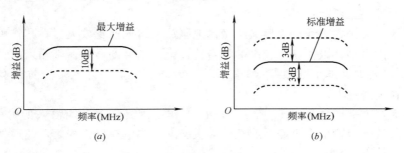

图 3-12　增益调整范围表示法
（a）低方向调整；（b）正负方向调整

（2）工作频带和幅频特性：

1）工作频带。放大器的增益是频率的函数，因此只有在特定的频率范围内，增益才有实际意义，这个特定的频率范围称放大器的工作频带。不同的放大器，其工作频带不同。

2）幅频特性。放大器对电视信号的增益与频率变化叫做放大器的振幅频率特性，简称幅频特性。放大器在工作频带内要求有较平坦的频率特性，即在工作频带内，曲线最高点与最低点的分贝数之差，不应超过规定的值。由于放大器的频带范围差异很大，为了确切地表示出每一频道的不平度，通常用频道内幅频特性来表示，即规定在任意频道（8MHz 带宽）内，增益变化不得大于±2dB，同时还要求在同一频道内，频率变化 2.5MHz 时，其增益变化不得大于 0.5dB，如图 3-13 所示。

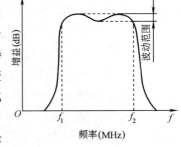

图 3-13　幅频特性的不平度

（3）最大输出电平和额定输出电平。最大输出电平是放大器在正常工作情况下输出电平的界限，超过这一界限，放大器的工作点就进入非线性区，而产生非线性失真，于是就会产生交扰和相互调制干扰。因此，常把交扰调制为 -46dB 时（交调还感觉不出）

的输出电平,作为放大器的最大输出电平。而把最大输出电平减去3dB作为额定输出电平。若多个放大器串接时,只能工作在额定以下。

(4) 噪声系数。放大器在输入、输出阻抗匹配的情况下,其输出端信噪比与输入端信噪比的比值,称放大器的噪声系数,它是衡量放大器内部杂波的一项指标。

放大器的噪声是CATV系统内部噪声的来源,要保证系统有足够高的信噪比,则要求放大器的噪声系数足够低,尤其在弱场强地区,对放大器噪声系数的要求就更高,如低电平天线放大器一般要求为3dB左右,而中、高电平线路放大器要在10dB左右。

(5) 电压驻波比或反射损耗。电压驻波比是衡量放大器的实际阻抗与标称阻抗偏差的指标。显然,该值越小越好,线路放大器的电压驻波比通常要求小于2。

信号放大器按其特性、用途及在系统中使用的位置可分为前端和线路两大类。前端使用的放大器有天线放大器、频道放大器等。线路中使用的放大器统称线路放大器,它包括干线放大器、分配放大器、线路延长放大器等。

放大器的种类主要有:

(1) 天线放大器。天线放大器又叫做低电平放大器或前置放大器,其作用是用来提高接收天线的输出电平,以便获得较高的噪声比,提高信号的质量。其输入电平通常为50～60dBμV,所以要求噪声系数很低(3～6dB)。天线放大器的外壳多为防雨型结构,可以将它直接装在天线杆上。

天线放大器方框图如图3-14所示。它的工作原理是:由天线输入的射频电视信号,经滤波和三级放大后输出,再经电缆至前端设备或用户电视机。同时,还通过电缆为各级放大器提供工作电源。

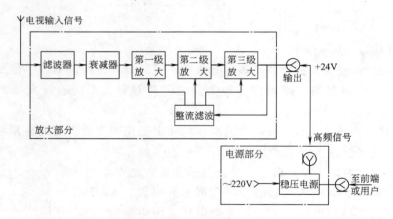

图3-14 天线放大器方框图

(2) 频道放大器。频道放大器即单频道放大器,它位于系统的前端,其后接混合器。对于使用单频道天线的系统,在进行混合之前,多数情况(当各频道信号电平参差不齐时)需要进行电平调整,使混合之前的各信号电平基本接近,这一工作是由频道放大器来完成的。

频道放大器的增益较高,输出电平可达到110dBμV,故为高电平输出。频道放大器一般工作在各天线输出电平相差较大,而各频道放大器的输出接近的场合。因此,可以根据频道放大器的不同使用，选择无单独存在的增益控制器、手动增益控制器或自动增益控制器三种类型，其方框图如图 3-15 所示。

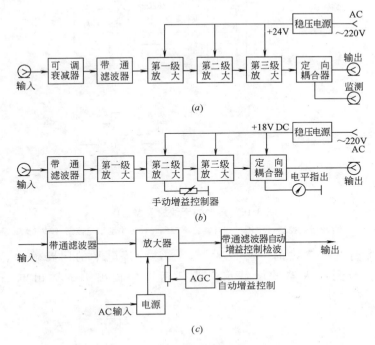

图 3-15 频道放大器
(a) 无单独存在增益控制器；(b) 手动增益控制器；(c) 自动增益控制器

其中，图 3-15（a）只是在输入端加可调衰减器，以调整输入信号电平。图 3-15（b）在第二放大级加装手动增益控制器，根据输入信号电子情况，进行手动增益调整。图 3-15（c）是从放大器输出端处取出一部分信号通过 AGC 电路控制放大器电平。

（3）线路放大器。设置在传输分配系统中的放大器称线路放大器，又称宽频带放大器。按其设置的位置不同可分为：

1）干线放大器。它是 CATV 系统中的重要部件，设置在系统的干线部分，用于补偿干线的电平损失，当系统中用户较多而又较集中时，由于分配器、分支器较多，这时放大器主要用于补偿分配和分支损失，其最高增益一般为 22～25dB。

图 3-16（a）是具有 AGC 和 ASC 的干线放大器，从输出端定向耦合器耦合一部分导频信号进行分路，再分别进入高低导频带通滤波器，经滤波、放大和检波，分别进行 AGC 和 ASC 控制。这是一种功能最全、性能最好的干线放大器，它要求在前端发送两个导频信号作为 AGC 和 ASC 控制信号。图 3-16（b）是手控增益（MGC）和斜率均衡，加上温度补偿的干线放大器。它是利用温度敏感器件（热敏电阻），通过不同的温度转换成不同的控制电流来控制衰减器的衰减量，以实现增益调整，并以均衡器来进行斜率补偿。这种干线放大器在一定程度上克服了由于温度变化而引起的电缆衰减变化，它的技术性能低于自动控制的干线放大器。

2）分配放大器。分配放大器是在干线或支线末端，以供 2～4 路分配线输出的放大器，即可在一般线路放大器末端放大后加一个分配器组成，如图 3-17 所示。分配

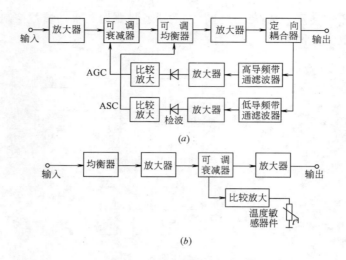

图 3-16 典型的干线放大器框图
(a) 自动增益控制（AGC）和自动斜率控制；(b) 手动增益控制（MGC）

放大器是宽频带高电平输出的一种放大器。通常为等电平的回路输出，其输出电平约为 100dBμV。分配放大器的增益定义为任何一个输出端的输出电平与输入电平之差。

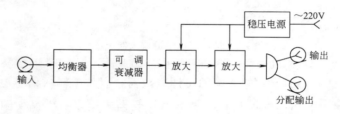

图 3-17 分配放大器的框图

3) 分支放大器。分支放大器是装在干线或支线末端，有一个输入端和一个干线或支线输出端，并从干线或支线输出端的定向耦合器取出信号作为支线输出端。和分配放大器一样，分支器可以加在一般线路放大器的末端，其方框图如图 3-18 所示。

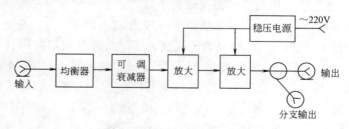

图 3-18 分支放大器的框图

4) 线路延长放大器。线路延长放大器安装在支干线上，用以补偿分支器的插入损耗和电缆的传输损耗。它的输出端不再有分配器，因而输出电平一般在 103～105dBμV。

线路放大器使用的场合是干线或支干线部分，通常在一根同轴电缆中总是传输多个频道乃至整个 VHF 或 UHF 频段的电视信号，放大器必须同时放大它们。所以，主放大器属于宽频带放大器，因此对主放大器要求有较平坦的幅频特性，较大的增益调整范围，较高的输出电平和良好的交扰调制及相互调制特性。在实际应用中，当有多个放大器与干线级联使用时还应具有自动增益控制和自动斜率控制的性能。

2. 混合器

在CATV系统中，将多路不同频道的电视信号混合成一路信号的装置，叫做混合器。混合器不仅能将不同频道的电视信号混合成一路传输，而且可消除同一信号经过不同天线接收而产生的重影，并能有效地滤掉干扰杂波，因此混合器具有一定抗干扰能力。

（1）混合器的技术指标。混合器的主要技术指标有插入损失、相互隔离、工作频率、驻波比及输入输出阻抗。

1）插入损失。混合器输入功率与输出功率之比的分贝数，称混合器的插入损失。由不同滤波器组成的混合器，其插入损失不同。

2）相互隔离。在各路匹配的情况下，任一输入端加一输入信号，而在其他输入端将感应出相应信号，其输入信号电平（dB）与感应信号电平（dB）之差，称混合器输入端之间的相互隔离。对不同的混合器应有不同的要求，但一般要求大于20dB。

3）工作频率。任意一个混合器只能在某一特定的频率（或频带）内工作，这一特定的频率（或频带）称作混合器的工作频率。不同作用的混合器，其工作频率不同。

4）输入输出阻抗。在一般情况下，混合器的输入输出阻抗均为75Ω。

5）电压驻波比。驻波比是衡量混合器的实际阻抗与标称阻抗的偏差程度的指标。显然该值越小越好，混合器的电压驻波比一般应小于2。

（2）电路组成及分类。混合器由低通滤波器、高通滤波器、带通滤波器、阻带滤波器和放大器等基本单元电路的不同组合而构成。混合器可按不同的方法分成若干类。

按组合方式，混合器分有源和无源两大类：

1）无源混合器，又称滤波式混合器。由无源滤波组合而成，其电路完全是线性的，因此它可以将输入和输出端互换使用，即作为分波器使用。

2）有源混合器由滤波器和放大器两大部分组成，其电路为非线性有源电路，因而不能反过来作分波器使用。

按其使用频率范围可分成频道混合器和频段混合器：

1）频道混合器：将两个或两个以上的单一频道的信号合成一路信号的器件，称频道混合器。其电路由两个及以上的带通滤波器组成。

2）频段混合器：将不同频段的信号混合起来的器件，称频段混合器。其电路由低通和高通滤波器组成。

3. 频道转换器

在CATV系统中，常用U-V、V-V、V-W等频道转换器。

在离电视台较近、场强较高的地区，电视台发射的信号电波会直接穿过电视机外壳而进入它的内部。这种直接信号比CATV系统送来的信号提前到达，而电视扫描又总是从屏幕的左面扫向右面，因此，直接信号就在图像的左面造成重影。场强越强、系统传输距离越远，重影越明显。这种重影无法靠天线去解决。虽然加大系统的输出电平情况会有一些改善，但根本的办法是在前端进行频道变换处理。这时直接信号就会因其频道与转换后的接收频道不同，而被电视机的高放、中放等有关电路滤除掉。

在传输300MHz信号的大型系统中，前端常用U-V变换器将UHF信号转换成300MHz内的某一频道信号，然后按转换后的信号进行处理。

4. 调制器

录像机、摄像机和卫星电视接收设备，通常都是输出视频图像信号及伴音信号，它们再由调制器调制在某一频道的高频载波上，成为全电视信号后，才能进入CATV系统。其电路原理框图如图3-19所示。

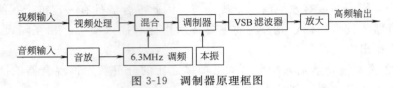

图3-19 调制器原理框图

5. 阻抗匹配器

阻抗匹配器即300～75Ω平衡—不平衡变换器，它可以反过来成为75～300Ω不平衡—平衡变换器。平衡线路如果直接与不平衡线路连接就会破坏平衡状态，使其中一根导线电流产生的影响不能为另一根导线电流产生的影响所平衡，这将导致向外辐射，使信号功率损耗；另一方面，受到干扰时不再能平衡而抵消。天线的平衡性受到破坏，方向还会发生变形，抗干扰性能也降低了。

通常采用传输线形式的变压器，做成宽频带阻抗匹配器。传输线变压器是在双孔磁芯上（如NX-10型铁氧体磁芯）用双根导线并绕而成，每两根导线构成一均匀传输线，利用传输线变压器的原理，在传输线上进行阻抗变换。磁芯为两个变压器提供了各自的磁力线闭合回路，可以免除磁的寄生耦合，如图3-20所示。

6. 衰减器

CATV系统中，常用的固定衰减器有对称T型和对称π型两种，如图3-21所示。

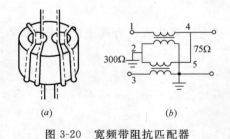

图3-20 宽频带阻抗匹配器

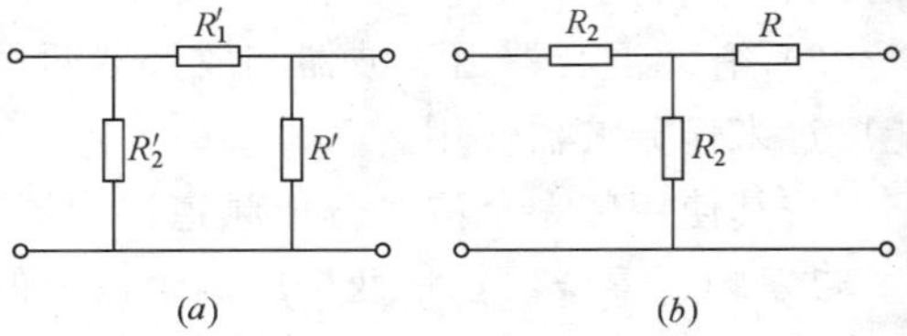

图3-21 衰减器电路原理图
(a) π型；(b) T型

由衰减器的输入、输出阻抗及衰减量可以计算出衰减器的电阻值。CATV系统中要求它的输入输出阻抗均为75Ω。

7. 自动开关机设备

CATV系统的线路放大器目前都采用半导体元件，寿命长、功耗小。每个放大器的耗电量通常只有几瓦，因而不少小型CATV系统都是长期供电，无人管理的，这样既省去了管理上的许多麻烦，也不会有附加设备出现故障带来的影响。

在大型的CATV系统中由于使用的线路放大器较多，功耗大，而且有自播节目设备，系统多为统一供电方式。一般来讲，系统的电源接通多为人们所关心，而关断易被人们遗忘。因此，对大型的CATV系统通常采用自动关机或自动开关设备进行管理。自动关机设备原理见方框图3-22所示。

图 3-22 自动关机设备原理图

自动关机设备的工作原理：用定向耦合器从控制器输出端取出微弱高频电视信号，送入宽频带放大器均衡放大，经检波器取出其直流分量再由线性电路进行直流放大，放大后的直流信号控制多谐振荡器，当高频电视信号消失后多谐振荡器开始工作，振荡电压（经积分电路延迟3～5min后）通过功率放大器驱动继电器去关断电源，达到自动关机的目的。

第三节 电视的干线传输系统

干线传输系统是CATV系统的重要组成部分，它处于前端和分配系统之间，如图3-23所示。其作用是将前端系统输出的高频信号不失真地、稳定地传输到系统的用户分配网络输入端口，且其信号电平需满足系统分配网络要求。

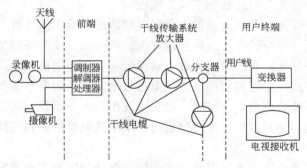

图 3-23 干线传输系统组成

在CATV系统中，干线传输媒体主要有同轴电缆和光缆。

一、干线传输系统的结构

传输介质是构成网络结构的主体，且与网络的结构形式有关，即同轴电缆和光缆各有其特别适合的网络结构形式。因此，在进行网络结构设计时，应当结合传输介质的特点来考虑。CATV系统的干线传输网络结构有树形、星形或树和星形的混合形。

树形网络通常采用同轴电缆作传输媒介。同轴电缆传输频带比较宽，可满足多种业务信号的需要，同时特别适合于从干线、支干线分支拾取和分配信号，价格便宜，安装维护方便，所以同轴电缆树形网络结构至今被广泛采用。

由于分解和分支信号的困难，光缆不能使用树形分支网络结构，但它更宜使用星形布局。星形网络结构特别适合用于用户分配系统，即在分配的中心点将用户线像车轮辐条一样向外辐射布置。这种结构有利于在双向传输分配系统中实行分区切换，以减少上行噪声的积累。

在实际的设计和应用中，往往采用两者的混合结构，以使网络结构更好地符合综合性多种业务和通信要求。

二、同轴电缆传输

目前大多数 CATV 系统的干线传输媒体均采用同轴电缆，因而同轴电缆的结构和材料对信号的传输质量有着密切的关系。由于电视信号的频率较高，在同轴电缆中传输时必然会产生衰减，且频率越高，衰减量越大（衰减量与频率的平方根成正比）。这样，当高频电视信号在同轴电缆传输一段距离后，信号会下降，随着距离的加长，会使不同频率电平产生差值，影响系统分配网络的正常工作。为了克服这些不利因素，除了采用优质低耗的同轴电缆外，还要采用具有自动电平控制（ALC）和自动斜率控制（ASC）的干线放大器。此外，主干线上尽可能少分支，在干线中串接的干线放大器数量尽可能少，因为放大器的使用，会导致噪声的增大、频率响应特性变差和非线性失真产生。就目前的技术水平而言，采用同轴电缆作为干线传输媒体，所能串接的干线放大器理论值不能超过 25 级。系统的传输距离也就在 10km 左右。

根据整个系统规模、用户密度及其分布状况，同轴电缆的布置和路由的选择应从如下几方面考虑：

（1）为使干线传输系统高质量、低损耗地传输信号，干线敷设应尽可能选择短而直的路由，以减少放大器串接级数、节约电缆、降低成本。

（2）传输干线应远离强电线路和干扰源敷设。

（3）干线系统中可通过分支放大器向分配网络馈送信号，而尽量少用分配放大器。

（4）干线放大器一般应设置在其增益刚好抵消前一段电缆损耗的位置。干线分支放大器的位置应处于用户分配网点的中心地带，这样分支线短而输出电平高。

（5）传输干线终点位置应以能满足系统最远的分配网点的电平需要而定。

（6）在需要将干线分成两路传输时，可在干线中接入分配器，其位置应靠近干线放大器输出端，远离下端，同时要求分配器以后的支干线的电缆损耗和阻抗应相等或匹配，以减少反射影响。

（7）高寒或温度变化大的地区以及为了传输干线的稳定和安全需要，应尽可能采用埋式电缆地下敷设。

三、光缆传输

对于大型的电缆传输系统中，随着传输距离的增加及放大器的级数增多，电视信号的非线性失真及信噪比不断恶化。同时，由于同轴电缆的衰减随频率及温度的变化而波动，在长距离传输系统中需要增加温度和频响的补偿装置。因此，单一的电缆传输网，无论是从传输距离还是传输质量上，都已不能满足宽信息高速传输网的发展要求。随着光纤技术的进步和价格的降低，目前 CATV 系统已开始广泛采用光缆来作为干线传输媒体。尤其是在一些大中城市，光缆传输网络已开始步入居民住宅。

1. 光缆 CATV 系统的特点

（1）传输损耗小。CATV 系统一般采用 1310nm 和 1550nm 波长的单模光纤传输电视信号，其损耗仅为 0.4dB/km 和 0.25dB/km，而电缆传输（550MHz）电视信号时衰减高达 40～50dB/km。因此，使用光缆传输减少了有源器件的数量，提高了系统的各项指标。

(2) 传输频带宽、频率特性好。

(3) 传输质量高。光缆不受电磁信号的干扰及环境温度的影响，系统的稳定性大大地提高，传输质量得到了充分的保证。

(4) 光缆传输保密性好，信号不产生辐射和泄漏。

(5) 光缆体积小、重量轻、传输容量大、易于维护和敷设，使用寿命长。

(6) 光缆传输速率快。光缆传输数据的速率可达 45Gbit/s，而铜缆仅能传输 400Mbit/s。

2. 光缆传输基本原理

(1) 传输系统的组成。光缆传输系统是由光发射机、光接收机和光缆组成，光缆传输系统方框图如图 3-24 所示。

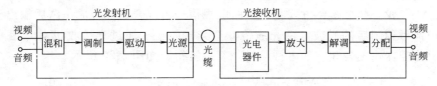

图 3-24　光缆传输系统方框图

由图中可知，视频和音频信号在光发射机中，经过混合、调制放大后，由驱动电路对发光二极管（光源）进行直接光强度调制，把电信号转换成光信号，经光缆传输到接收端。在接收端，光接收机中的光电器件，把调制的光信号转换成电信号。然后经过放大、解调、分配、还原成视、音频信号输出。

由于电视信号的传输是可调制的高频信号，所以用光缆传输电视信号时，在发射端可以直接通过驱动电路进行电/光转换。

(2) 光的调制方式。用光缆传输电视信号时，光的调制方式分模拟和数字两种。

1) 模拟调制。模拟调制有模拟基带直接光强调制（IM）和脉频调制（PFM）等多种方式。

① IM 调制　是利用电视信号直接对光强度进行调制，调制方式简便，经济。

② PFM 调制　是将连续的电视信号，转换成不连续的脉冲信号对光强度进行调制。这种调制方式，由发光管产生的非线性失真对系统影响不大，可以实现远距离、高质量的传输。

2) 数字调制。数字调制分脉码调制（PCM）和差分脉码调制（DPCM）两种。前者所需频带较宽，但电视信号与杂波易分开，适合远距离传输；后者所需频带虽为前者的一半，但信号质量差。

(3) 光缆的多路传输。光缆的多路传输是指一根光缆同时传输多路电视信号。

目前，用光缆进行多路电视信号的传输方法常采用波分多路（WDM）和频分多路（FDM）。

1) WDM 方式：波分多路方式是利用光辐射的高频特性及光缆宽频带、低损耗的特点，用一根光缆同时传输几个不同波长的光，每个波长的光载有不同的电视信号。其系统框图如图 3-25 所示。

在发射端，每个频道的电视信号，被相应的光发射机进行调制，形成不同波长的光载

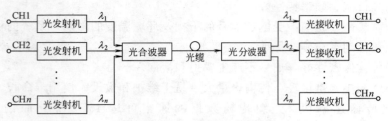

图 3-25 波分多路传输系统图

波信号（如 λ_1、λ_2、…λ_n）。这些信号由光合波器合成一路输出，经光缆传输到接收端，由光分波器把输入的多路光载波信号还原成单一波长的光波信号，最后由光接收机输出。波分多路传输方式可以实现双向传输的功能。

2）FDM 方式：频分多路方式是将多路电视信号由混合器混合成一路后输出至光发射机，经电视信号调制后的光波，由光缆传输至光接收机。通过光接收机对光信号的处理后，由频道分配器输出各相应的电视信号。其系统框图如图 3-26 所示。

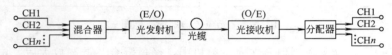

图 3-26 频分多路传输系统图

四、双向传输

目前，国内 CATV 基本上都是单向传输，即从前端送出电视信号，用户端接收电视信号，而用户端并没有信号传送至前端。即使是付费电视节目也是单向的。只有当用户将信息反送至前端控制中心时，才实现了信息的双向交流。

通过 CATV 双向传输技术，使控制中心与用户，用户与用户之间均实现双向信息的传输。用户使用手中的通信工具可以进行话音、传真等项通信，使用计算机就可以进行电子邮件、远程教学、家庭办公、信息资料查询、股票交易等数据通信。还可以通过电视机的视频点播（VOD）服务，观看文艺及娱乐收费节目、商业信息检索及购物、互动式电视服务、远程医疗等内容服务。因此，双向传输系统是实现宽带综合信息网的基础，以交互性电缆电视网为基础的综合业务数字网将是今后 CATV 系统的发展方向。

在双向传输系统中，通常把前端传向用户的信号叫下行信号，用户端传向前端的信号叫上行信号。

双向传输一般有三种方式：

(1) 空间分割方式。它是由两个单方向系统组合而成。

(2) 时间分割方式。在一个系统内通过时间的错开，得到双向传输信号。

(3) 频率分割方式。在一个系统中将传输频率划分出上行和下行频段，分别用于传输上、下行的信号。如 550MHz、750MHz 模拟传输频段的划分为：

中分割方式 $\begin{cases} \text{上行频段} \quad 5\sim65\text{MHz} \\ \text{中间过渡带} \quad 65\sim84\text{MHz} \\ \text{下行频段} \quad 84\sim550\text{MHz 及 }84\sim750\text{MHz} \end{cases}$

低分割方式 $\begin{cases} 上行频段 \quad 5\sim30\text{MHz} \\ 中间过渡带 \quad 30\sim47\text{MHz} \\ 下行频段 \quad 47\sim550\text{MHz} 及 47\sim750\text{MHz} \end{cases}$

分割方式主要取决于系统的功能多少,规模大小,信息量的多少。

低分割方式用于上行频道少,主要传输的是控制信号。反之传输系统规模大,功能多时就采用中分割方式。

第四节 用户分配系统

分配系统是 CATV 系统最后一个环节,是整个传输系统中直接与用户端相连接的部分。它的分布面最广,其作用是使用成串的分支器或成串的串接单元,将信号均匀分给各用户接收机。由于这些分支器及串接单元都具有隔离作用,所以各用户之间相互不会有影响,即使有的用户输出端被意外地短路,也不会影响其他用户的收看。

一、主要器件

1. 分配器

分配器是分配高频信号电能的装置。其作用是把混合器或放大器送来的信号平均分成若干份,送给几条干线,向不同的用户区提供电视信号,并能保证各部分得到良好的匹配,同时保持各传输干线及各输出端之间的隔离度(因为电视机本身振荡辐射波或发生故障产生的高频自激振荡对其他输出接收机没有影响,要求隔离度在 20dB 以上)。它本身的分配损耗约为 3.5dB,频率越高损耗越大,在 UHF 频段约为 4dB。实用中,按分配器的端数分有二分配器、三分配器、四分配器及六分配器等。最基本的是二、三分配器,其他分配器是它们的组合。例如四分配器可以用三个二分配器组成,六分配器可以由一个二分配器和两个三分配器组成。常用分配器电路图见表 3-8。

常用分配器电路图　　　　　　　　　　表 3-8

类　型	电路图(75Ω)
二分配器	（电路图：CZ_1 输入，C_1、电感、C_2、R_{200}，输出 CZ_2、CZ_3）
三分配器	（电路图：CZ_1 输入，C_1、C_2、C_3、C_4、R_1 91、R_2 220、R_3 220，输出 CZ_2、CZ_3、CZ_4）

类型	电路图(75Ω)
四分配器	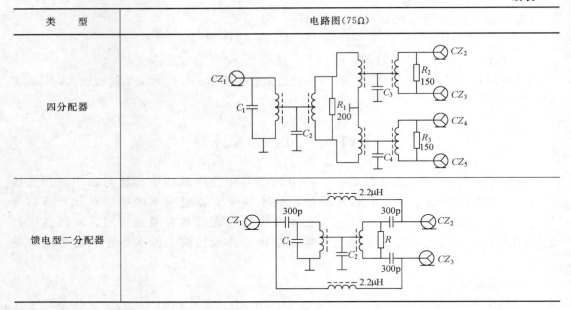
馈电型二分配器	

按其频率划分有 VHF 频段分配器和 UHF 频段分配器。按安装场所分为户内型及户外型。任何一种分配器都可以当作宽频带混合器使用（但是选择性差，抗干扰能力比带通滤波器弱），只要把它的输入与输出端互调即可，而且可以在 VHF 或 UHF 频段工作，在其输入端对频率不受限制。

分配器的型号含义如图 3-27 所示。

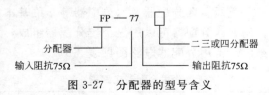

图 3-27 分配器的型号含义

理想的二分配器的衰减约为 3dB，实际是 3.5～4.5dB。理想四分配器的衰减为 6dB，实际是 7～8dB。分配器的频率范围应包含 1～68 频道和调频广播（FM）的频段，即 48.5～223MHz 及 470～958MHz。

2. 分支器

分支器是从干线上取出一部分电视信号，经衰减后馈送给电视机所用的部件。分支器和分配器不同，分配器是将一个信号分成几路输出，每路输出都是主线；而分支器则是以较小的插入损失从干线上取出部分信号经衰减后输送给各用户端，而其余的大部分信号，通过分支器的输出端再送入馈线中。

分支器由耦合器和分配器组成，具有单向传输特性。分支器的输入端至分支输出端之间具有反向隔离性能，正向传输时损耗小，反向时损耗大，从而保证了分支输出端在开路或短路现象时，均不会影响干线的输出。分支间的隔离好，使其相互间干扰小，保证接收信号互不影响。二分支器的输入损耗有 8、12、16、20、25、30dB；四分支器的输入损耗有 10、13、16、20、25、30dB 等，其作用是通过设计各楼层用不同的分支损耗以达到使各层楼的电视机都得到理想的电平信号。分支器本身的插入损耗是很小的，约为 0.5～2dB 左右。目前我国生产的有一分支器、二分支器和四分支器等规格。常用分支器电路图见表 3-9。

常用分支器电路图　　　　　　　表 3-9

类　型	电路图(75Ω)
二分支器	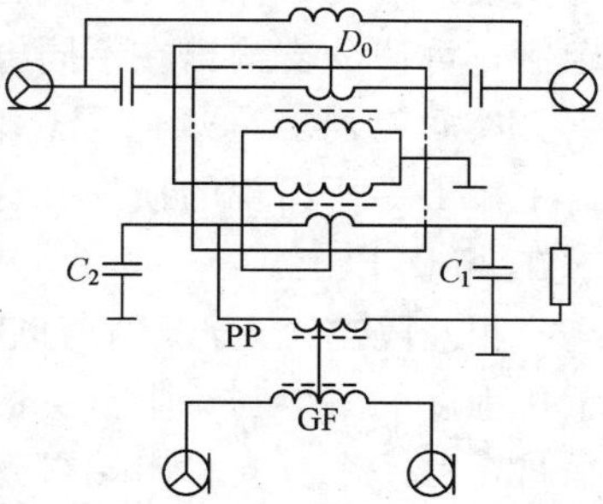
四分支器	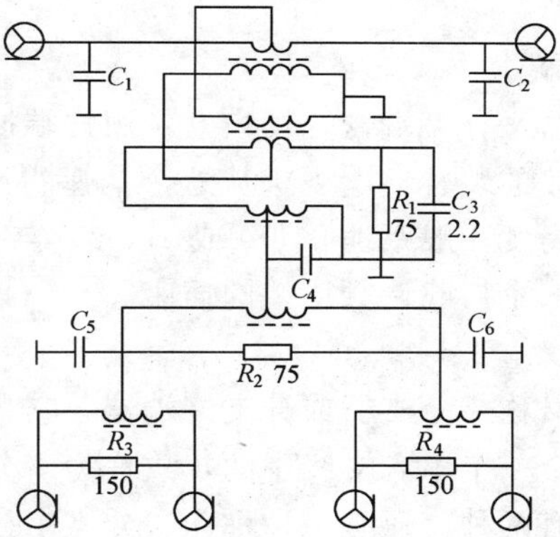
馈电型二分支器	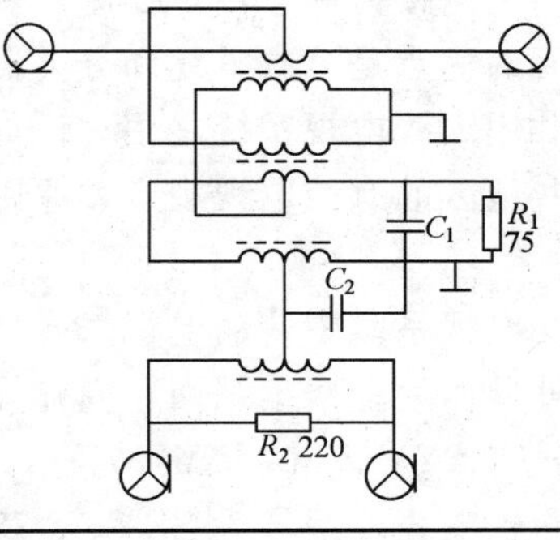

分支器的型号含义如图 3-28 所示。

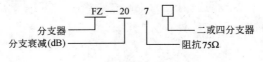

图 3-28　分支器的型号含义

分支器的主要电气性能有：

(1) 插入损耗。插入损耗是将分支器插入电路后，在主线输出中所引起的信号电平的损耗，即输入端信号电平与输出端信号电平之比，若用分贝计算，则为其两端分贝数之差。因此，我们希望分支器的插入损耗越小越好。

(2) 分支衰减。分支衰减是指信号电平经分支器后，信号在主线输入端到分支输出端之间的损耗，即主线输入端信号与分支端输出信号电平之比，若用分贝计算，则为其两端分贝数之差。对分支衰减而言，并不是越大越好或者越小越好，而是需要有一个定值。这样，选用不同的定值，可使分支输出在不同电平的主线上大致相等。

(3) 反向隔离。反向隔离亦称反向耦合衰减量，它表示从一个分支输出端加入信号时，转移到分支器主输出端所出现的损失。这个值越大，表示抗干扰能力越强，分支器的反向隔离一般要求在 25dB 以上。

(4) 分支隔离（相互隔离）。分支隔离也称分支端间耦合衰减量，它表示分支器分支端子间相互产生干扰程度的量。当一个分支器有几个分支输出端时，在其中一个分支输出端加入的信号电平与在另一个分支输出端得到的信号电平之差，即为分支隔离。为了抑制用户接收机间的相互干扰，要求分支器分支端子间的隔离要足够大，一般要求隔离量大于 20dB。

3. 用户终端盒

用户终端盒又称终端盒、用户盒、用户端插座盒、墙壁插孔等，它是将分支器来的信号和用户相连接的装置。电视机从这个插座得到电视信号，对用户电平一般设计在 $70\pm5\mathrm{dB}\mu\mathrm{V}$，安装高度一般距地 0.3m 或 1.8m，与电源插座相距不要太远。在用户插座面板上有的还安装一个接收调频广播的插座。

4. 串接单元

串接单元又称一分支器或分支终端器，它将分支器与用户插座合为一体。它在系统分配网络中是一个一个串入支线中的，故称为一分支器。

串接单元有两种，还有一种称作二分支串接单元，也称为二分支终端器。它本身带一个插座，还能分出一路接另一个用户插座。一分支器不宜串联很多，它的输出、输入端不能接反。串接单元的优点是节省电缆和分支器，系统简单、造价较低，适合于楼层结构形式相同的建筑物共用天线电视系统之用。但如发生故障，将影响到该插孔至终端之间的其他输出插孔。一些地区的有线电视规定，原则上不允许使用串接单元方式。

5. 同轴电缆

它的作用是在电视系统中传输电视信号。它是由同轴的内外两个导体组成，内导体是单股实心导线，外导体为金属编织网，内外导体之间充有高频绝缘介质，外面有塑料保护层。目前常用型号有 SYV-75-9、SYV-75-5，前者用于干线，后者用于支线。此外，还有一种被称作耦心同轴电缆，型号为 SBYFV-75-5、SDVC-75-5、SDVC-75-9、SYKV-75-5、SYKV-75-9 等，这种电缆损耗较少。型号规格为-9 用于干线，9 是屏蔽网的内径 9mm；-5 用于支线，5 是屏蔽网的内径为 5mm。

同轴电缆的特征阻抗由下式计算：

$$Z_C = \frac{138}{\sqrt{\varepsilon}} \lg \frac{D}{d}$$

式中 D——铜网的内径（mm）；

d——芯线的外径（mm）；

ε——导体间绝缘介质的介电常数。

上式表明同轴电缆的特性阻抗和导体的直径、导体的间距及绝缘材料的介电系数有关，而与馈线的长短、工作频率以及馈线终端负载的大小等因素无关。例如 SYV-75-9、SYV-75-5 的铜网内径分别为 9mm 和 4.6mm，芯线的外径 d 为 1.37mm 和 0.72mm，ε 为 2.26，计算它们的特性阻抗为：

SYV-75-9： $$Z_C = \frac{138}{\sqrt{\varepsilon}} \lg \frac{D}{d} = \frac{138}{\sqrt{2.26}} \lg \frac{9}{1.37} = 75.2\Omega$$

SYV-75-5： $$Z_C = \frac{138}{\sqrt{\varepsilon}} \lg \frac{D}{d} = \frac{138}{\sqrt{2.26}} \lg \frac{4.6}{0.72} = 73.9\Omega$$

同轴电缆的优点是电视信号衰减少、温度系数较小、抗干扰性能好，即尽可能不接收杂散的干扰信号、机械弯曲特性好、价廉；另一种电视电缆是扁平馈线，即 SBVD 型 300Ω 扁平馈线，因损耗大，100MHz 信号通过 50m 长的馈线将衰减一半，若使用还须加阻抗变换器，故不常用。

电视信号在同轴电缆中传输不仅会随电缆的长度增长而衰减，而且衰减量还会随信号的频率增加而增加，其衰减与频率的平方根成正比。常用同轴电缆的频率衰减特性如图 3-29 所示。

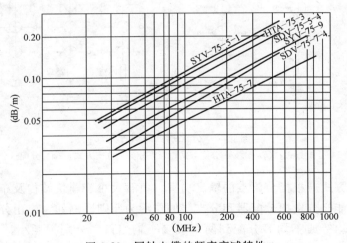

图 3-29 同轴电缆的频率衰减特性

二、用户电平和分配方式

1. 用户电平

用户电平是用户分配网络计算的依据。用户电平过高过低都不好，选择适当的用户电平，才可使接收机工作在最佳状态。用户电平太高，接收机会工作在非线性区，产生互扰调制和交扰调制，出现"窜台"、"网纹"等干扰现象；用户电平太低，又会使接收机的内部噪声起作用，形成"雪花"干扰。按国家标准 GB 50200—94 规定：CATV 系统提供给用户的电平范围为 60～80dBμV。

在实际应用中，若电视接收机离电视台较近，场强很强，或有较强干扰源的一些地区，电缆和接收机中会直接串入电波，引起重影或干扰。在这些地区用户电平取高一些可减轻一些干扰，一般可控制在 $70\pm5\text{dB}\mu\text{V}$ 的范围内；若在其他干扰较小地区，可将用户电平降低，使设备经济些，一般可控制在 $65\pm5\text{dB}\mu\text{V}$ 的范围内。极个别的情况才用到 $80\text{dB}\mu\text{V}$。

2. 分配方式

用户分配系统的基本方式有四种，如图 3-30 所示。

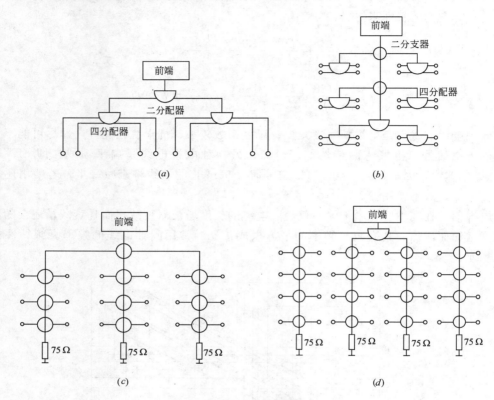

图 3-30 分配系统的四种方式
(a) 分配—分配方式；(b) 分支—分配方式；(c) 分支—分支方式；(d) 分配—分支方式

分配信号的方式应根据分配点的输出功率、负载大小、建筑结构及布线要求等实际情况灵活选用，以能充分发挥分配器和分支器的作用为原则。例如，应用分配器可将一个输入口的信号能量均等或不均等分配到两个或多个输出口，分配损耗小，有利于高电平输出。但分配器不适合直接用于系统输出口的信号分配，因为分配器的阻抗不匹配时容易产生反射。同时，它无反向隔离功能，因此不能有效地防止用户端对主线的干扰。而分支器反向隔离性能好，所以多采用分支器直接接于用户端，传送分配信号。分支器传输分配信号的形式，通常有分支器分配方式和串接单元分配方式。

（1）分支器分配方式。图 3-31 是一个分支器分配方式的示例。用一四分配器分出四路，每路供给一个单元（楼门）。每层用一个四分支器将输出信号送给各用户，用户备有用户终端盒供接电视机用。如每单元的每层只有三户，可将分支器的一个空闲终端接 75Ω 电阻。如只有三个单元，则可将分配器的一个空闲终端接 75Ω 电阻。对高层建筑分配器

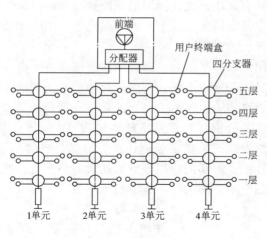
图 3-31 分支器分配方式

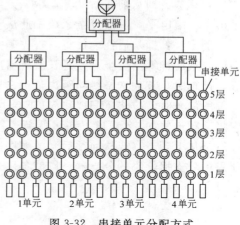
图 3-32 串接单元分配方式

输出电平不够时,可在输出端再增加宽带放大器以提高电平。

分支器分配方式适用于高层建筑、用户数量多且用户点分布不规则以及允许横向布线的场合,其优点是用户之间隔离好,互不影响,同时可采用各种档次分支损耗的分支器,以保证每个用户电平基本一致。此外,维修也较方便。

(2) 串接单元分配方式。图 3-32 是一个串接单元分配方式的实例。与分支器分配方式不同的是,它在每层的同一房间内装有串接单元,亦即分支终端器。电缆由上到下将这些串接单元串接起来,这样,将用户终端盒和分支器合而为一,造价大为降低;对于建筑施工也方便得多。和分支器一样,串接单元(分支终端器)也有一系列不同分支损耗的型号,以保证各用户的接收电平大致相等。其主要缺点是灵活性差、维修费用较高,一处发生故障就会影响到整串分配线的工作。同时,由于需要较高的电平,串接单元的数量有一定限制,故该分配方式仅适用于小型系统。

三、电平计算

1. 计算的依据

(1) 用户所要求的电平;

(2) 分配点或放大器的输出电平;

(3) 分配器、分支器及电缆等性能参数。

2. 计算公式

$$U_K = U_O - U_d - \alpha \cdot L$$

式中 U_K——第 K 个分支器或第 K 个用户电平（dBμV）;

U_O——分配点或放大器输出电平（dBμV）;

U_d——分配器的分配损耗、分支器的插入损耗、分支衰减等（dBμV）;

α——电缆衰减系数（dB/m）;

L——分配点或放大器距用户点电缆长度（m）。

3. 计算方法

CATV 系统的电平计算方法很多,有顺算法、倒推法、列表法和图示法等。它们各有特点，可根据实际需要选择一种或两种结合运用。比较常用的是顺算法和倒推法。

顺算法：即从前往后计算。根据分配点及线路延长放大器的输出电平，用递减法顺次求出用户端电平，一般复杂系统用此法较好。

倒推法：即从后往前计算。首先确定用户端电平值，然后逐渐往前推算各个部件的电平值，最后推算出分配点及延长放大器应具有的输出电平。一般较简单的系统采用此法。

计算时，首先选择线路距离最远，用户最多，条件最差的分配线路计算；当系统传输全频段信号时，应将 UHF 和 VHF 频段电平分别计算；当系统传输 VHF 频段信号时，应将高频道（如 12 频道）和最低频道（如 1 频道）电平分别计算。根据分支器的特点，一般是从上到下（或从前往后）的顺序串接的，前面的应用分支损耗大的分支器，往后依此采用分支损耗小的分支器，以使各用户端电平差别较小，基本趋于一致。

4. 举例

【例 3-4】 在一串二分支器中有一段线路如图 3-33 所示，其中分支器采用的是北京电视设备厂的产品 GZ-218 型分支器，两分支器之间的距离为（楼层距离）3m，电缆主线用 SYV-75-9，分支线用 SYV-75-5-1，分支线长为 6m，第一个分支器的输入电平为 89.8dBμV（图中分子表示 1 频道的电平，分母表

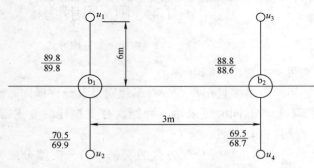

图 3-33 例 4 用户分配网络的计算

示 12 频道的电平）。试求各点的电平。

【解】 由北京电视设备厂的产品说明书中可以查得，GZ-218 型二分支器的主要技术数据为：分支衰减为 18.7dB；插入损耗：45MHz（1 频道）为 0.8dB；230MHz（12 频道）为 0.9dB。由同轴电缆损耗特性曲线中可以查得：SYV-75-5-1 在 1 频道时的电缆损耗常数为 0.1dB/m；在 12 频道时为 0.2dB/m。SYV-75-9 在 1 频道时的电缆损耗常数为 0.06dB/m；在 12 频道时为 0.1dB/m。

用户 u_1、u_2 的条件相同，故其用户电平相同。用户 u_3、u_4 的电平也必相同。由此便不难求出用户 u_1、u_2 的信号电平，即从分支器 b_1 的输入电平减去 b_1 的分支衰减，便为分支线上的输出，然后再减去传输线上的电缆损耗，即可求得用户电平（顺推法）。即 u_1、u_2 的信号电平为：

$$1\ 频道电平 = 89.8 - 18.7 - 0.1 \times 6 = 70.5 \text{dB}\mu\text{V}$$
$$12\ 频道电平 = 89.8 - 18.7 - 0.2 \times 6 = 69.9 \text{dB}\mu\text{V}$$

这是符合用户电平 $70 \pm 5 \text{dB}\mu\text{V}$ 的要求的。

第二个分支器 b_2 的输入电平为 b_1 的输入电平减去 b_1 的插入损耗及 3m SYV-75-9 主线的电缆损耗，所以 b_2 的输入电平为：

$$1\ 频道电平 = 89.8 - 0.8 - 0.06 \times 3 = 88.8 \text{dB}\mu\text{V}$$
$$12\ 频道电平 = 89.8 - 0.9 - 0.1 \times 3 = 88.6 \text{dB}\mu\text{V}$$

由此便可求得用户 u_3 和 u_4 端的信号电平：

$$1\ 频道电平 = 88.8 - 18.7 - 0.1 \times 6 = 69.5 \text{dB}\mu\text{V}$$

$$12\text{频道电平} = 88.6 - 18.7 - 0.2 \times 6 = 68.7 \text{dB}\mu\text{V}$$

这也符合用户电平为 $70 \pm 5 \text{dB}\mu\text{V}$ 的规定。

【例 3-5】 某工程为六层楼房，其共用天线电视系统的分配方案如图 3-34 所示。图中 d_1 为二分配器，其分配衰减为 3.7dB，d_2 为四分配器，其分配衰减为 7.5dB；b_1、b_2、b_3 为三个二分支器，其分支衰减各为 14dB、14dB、17dB，它们的插入损耗均为 1.4dB；$u_1 \sim u_6$ 是六个用户终端盒，其插入损耗为 1dB；干线采用 SYV-75-9，分支线采用 SYV-75-5-1，线路距离已在图中标出。试求，当用户 u_1 所需的信号电平不小于 $63.2\text{dB}\mu\text{V}$ 时，前端的输出电平应该是多少？其他各用户端的输出电平各是多少（按北京地区接收八频道中心频率为 187MHz 考虑）？

【解】 此题是在分配方案及所选器件大体确定之后，由最末一个用户终端逐个向前推进的办法（倒推法），来求出所需的前端输出电平值。

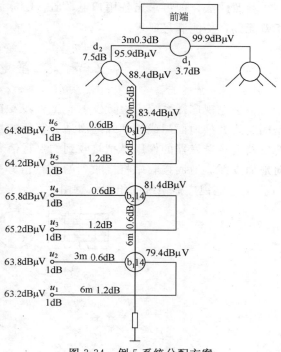

图 3-34 例 5 系统分配方案

由同轴电缆的损耗特性曲线中可以查得，干线 SYV-75-9 在传输八频道信号时每米损耗约为 0.1dB；分支线 SYV-75-5-1 在传输八频道信号时每米损耗约为 0.2dB。由此便可把线路中的各段衰减量算出，标于图中。

分支器 b_1 的输入电平 = 分支衰减 + 线路损耗 + 用户终端盒的插入损耗 + 用户电平
$$= 14 + 1.2 + 1 + 63.2$$
$$= 79.4 \text{dB}\mu\text{V}$$

分支器 b_2 的输入电平 = b_1 的输入电平 + 线路损耗 + b_2 的插入损耗
$$= 79.4 + 0.6 + 1.4$$
$$= 81.4 \text{dB}\mu\text{V}$$

分支器 b_3 的输入电平 = $81.4 + 0.6 + 1.4 = 83.4 \text{dB}\mu\text{V}$

分配器 d_2 的输入电平 = b_3 的输入电平 + 线路损耗 + d_2 的分配衰减
$$= 83.4 + 5 + 7.5$$
$$= 95.9 \text{dB}\mu\text{V}$$

前端输出电平 = 分配器 d_1 的输入电平 = d_2 的输入电平 + 线路损耗 + d_1 的分配衰减
$$= 95.9 + 0.3 + 3.7$$
$$= 99.9 \text{dB}\mu\text{V}$$

这就是所要求的数值。

根据主线上各点已求得的电平值，便不难求出各用户的电平值。例如：

用户 u_6 的电平＝分支器 b_3 的输入电平－b_3 的分支衰减－线路损耗－用户终端盒的插入损耗＝83.4－17－0.6－1＝64.8 dBμV

参照此法，即可求出各用户电平值（已标注在图中）。由计算结果看到，各用户电平相差无几，均能满足要求。

第五节　卫星电视广播系统

卫星电视广播系统由上行发射、星载转发和地面接收三大部分组成。上行发射站可以是固定式大型地面站或移动式地面站，其任务是将图像和伴音信号处理放大后发射到卫星转发器上。转发器的作用是把接收到的上行信号变换成下行调频信号，放大后由定向天线向地面发射。地面接收站将接收到的下行信号变频、解调，然后送往 CATV 系统。图 3-35 是卫星电视广播系统的组成示意图。

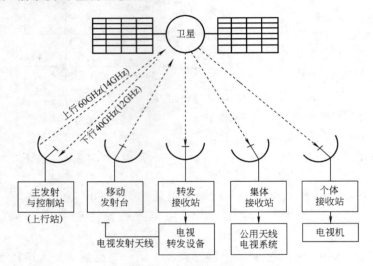

图 3-35　卫星电视广播系统组成

一、上行发射站

上行发射站主要由基带信号处理单元、中频调制器、中频通道、上变频器、功率放大器、双工器和发射天线组成。我国采用 PAL-D 制式，其原理框图如图 3-36 所示。

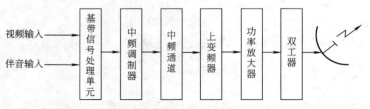

图 3-36　上行发射站组成框图

在基带信号处理单元中，视频信号经 0～6MHz 低通滤波器滤去高频干扰信号，伴音信号经伴音载波进行调频（6.6MHz），然后再调制到副载波上。视频信号和副载波信号合成为基带信号，通过调制器把它们调制到 70MHz 或 140MHz 的中频信号。进入由衰减器、带通滤波器、中频放大器等组成的中频通道，经整形放大处理后的中频信号进入上变频器。在上变频器中，中频信号变换成 6GHz 的上行频率微波信号，经功率放大器放大，馈给双工器，供天线发射给星载转发器。

二、星载转发系统

星载转发器由收发天线、星载转发器和电池组成。卫星的接收和发射天线一般是共用的，电源主要用硅太阳能电池和后备蓄电池。图 3-37 是星载转发系统组成方框图。

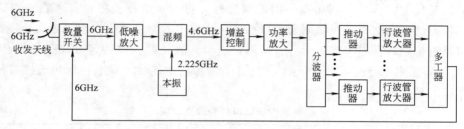

图 3-37　星载转发系统组成

由接收、放大、变频和发射等电子设备组成的星载转发器，在接收到上行发射站发来的各个频率的微波信号后，经放大、混频、将上行频率（5.925～6.425GHz）下变频为下行频率（3.7～4.2GHz，C 波段），通过增益控制和功率放大等处理后，由天线发射到地面卫星电视接收系统。

三、卫星电视接收系统

卫星电视接收站由天线和接收机部分组成，接收机包括室外单元（抛物面天线、馈源、高频头等）和室内单元（调谐解调器，或称卫星接收机；监视器等）如图 3-38 所示。室外和室内之间可连接功率分配器，以实时接收同一卫星传送的多路电视节目。

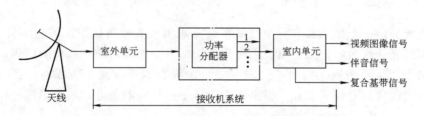

图 3-38　卫星电视接收站设备组成

卫星电视接收系统按技术性能分为可供收转或集体接收用的专业型和可直接接收用的普及型。如图 3-35 和图 3-39 所示。

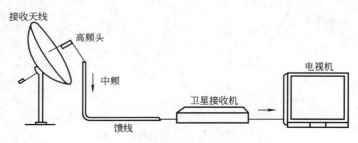

图 3-39　卫星电视直接接收系统的组成

必须指出：普通电视是调幅制，而卫星接收是采用调频制，所以普通电视机收不到卫星电视的图像。收看卫星电视节目必须在电视机（监视器）之前接入卫星接收机。

四、卫星电视接收方式

1. 抛物面接收天线原理

卫星电视广播发射的电波为 GHz 级频率，电磁波具有似光性，由于卫星远离接收天线，电磁波可近似看作一束平行光线，因此，卫星接收天线一般采用抛物面接收天线。这种接收天线起反射镜作用，利用抛物面的聚光性，将卫星电磁波能量聚集在一点送入波导，获得较强的电视信号。抛物面天线口径越大，集中的能量越大，增益越高，接收效果越好。但是造价随口径增大成倍上升。所以，适当选择接收天线的尺寸，是很有必要的。表 3-10 是国际无线电咨询委员会（CCIR）对个体和集体接收卫星电视所用天线口径尺寸和波束宽度的规定。

抛物面天线的口径和波束宽度　　　　表 3-10

频　带	集 体 接 收		个 体 接 收	
	天线口径	波束宽度	天线口径	波束宽度
2.6GHz	3.0m	2.7°	1m	8°
1.2GHz	1.8m	1°	0.9m(1,3 地区)	2.0°
			1m(2 地区)	1.8°
700MHz	3.4m	9°	2m 抛物面	15°
			八木	30°

2. 抛物面天线的结构及特点

卫星电视广播地面站用的抛物面天线一般由反射面、背架及馈源支撑件三部分组成。按馈电方式可分为前馈式和后馈式（卡塞格伦式），按反射面分又可分为板状天线和网状天线。

抛物面天线由一个抛物面和一个放置在抛物面焦点上的叫做馈源的初级辐射器组成。根据抛物面的光学性质，把卫星电视信号聚集于抛物面焦点，通过馈源的作用，使得在所需要的方向上产生同相场，相当于把发射能量聚集在水平方向上传播，如图 3-40 所示。虽然这种抛物面天线有许多优点，但由于馈源处于抛物面的前方，加长了馈线，降低了效

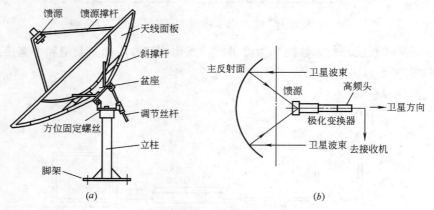

图 3-40　前馈式天线结构示意图
(a) 结构图；(b) 剖面图

率。这种将馈源设置在天线集点的称为前馈式。为了克服上述缺点,可采用后馈式,其主要特点是在抛物线焦点处设置一个旋转双曲面,构成天线的信号反射面,将信号反射在抛物面中心(后面)的馈源上,也就是由"前馈"变成了"后馈",如图3-41所示。高频头安装在馈源上,电视信号由高频头用高频电缆引入室内。

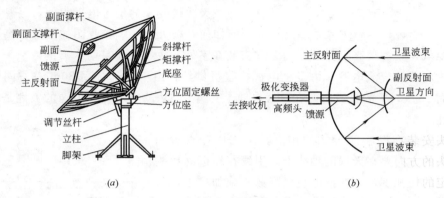

图3-41 卡氏接收天线结构示意图
(a) 结构图(后馈线);(b) 剖面图

卫星接收天线的反射面板一般有两种形式,一种是板状,另一种是网状,对于C频段电视接收两种形式都可满足要求。相同口径的抛物面天线,板状要比网状接收效果好,但网状防风能力强。

国内生产的直径3m以上抛物面天线,无论是板状还是网状的,都可分成不同的块数,有8块、12块、18块、24块不等。一般天线面板的分块是根据厂家各自所用材料的规格、加工能力、装配的效率以及包装、运输等各种因素自行设计决定。表3-11列出了各种抛物面接收天线的性能。

各种抛物面接收天线的性能比较　　　　　　　　表3-11

天线类型		优点	缺点
后馈板状		效率高、性能好	成本高,加工安装复杂
后馈板状	铝合金	性能较好	成本较高
	铸铝	成本低,加工简单	表面光洁度低,易碎
	玻璃钢	成本低,加工简单	镀层易脱落,寿命不长
	铁皮	成本最低	易锈,寿命不长
前馈网状		抗风、雨、雪性能好	效率低,增益不高

3. 抛物面天线安装

天线安装是保证天线性能及其稳定性的一个重要环节。天线安装包括两个方面,一是天线本身主、副面及馈源的安装,二是整个天线在支撑架上或铁塔上的安装。天线的安装顺序是,先安装支撑架部分,再安装天线抛物面馈源,最后将支撑架和天线组装在一起,并安装高频头,配制引出线。

4. 高频头

连接在极化波变换器输出端的低噪声放大器和下变频器,称为高频头。这部分都在室外。图3-42是卫星电视接收高频头的方框图。(以C波段为例) 3.7～4.2GHz的卫星微

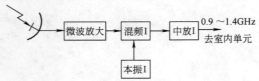

图 3-42 高频头的（室外单元）组成

波信号经低噪声微波放大器放大后，送入第一次混频电路，混频后输出 0.9～1.4GHz 的中频信号。通过电缆引入室内单元（卫星电视接收机）。

天线接收来的信号电平很低，高频头的性能如何，极大地影响接收图的质量。高频头的噪声系数要低，增益要高。另外，由于它安装在室外，故结构应是防水型的。

高频头所需的直流电源，由卫星电视接收机供给，由于两部分用 30m 左右同轴电缆连接，因而 15～24V 的直流电源在这段电缆上会有 0.3V 的电压降。电源的极性是内导体传送正极性。

高频头安装在抛物面天线的焦点，用支撑杆支撑固定，高频头的方向要在天线的轴线上，引线在靠近高频头处应有一定的松弛度，不要使电缆对高频头施加拉力，引下电缆应沿支撑杆每 15cm 卡固一次，高频头大多为进口产品，安装时应参阅产品说明中的具体要求。

5. 卫星电视接收机

高频头送来的 0.9～1.4GHz 信号送到接收机的输入端，经再次放大，然后第二次变频，输出第二中频（130GHz 或 70MHz）信号。第二中频信号经滤波、限幅放大后到鉴频器进行频率解调，最后，将图像信号进行处理，输出视频信号，同时将伴音副载波解调，输出音频伴音信号。卫星接收机方框图如图 3-43 所示。

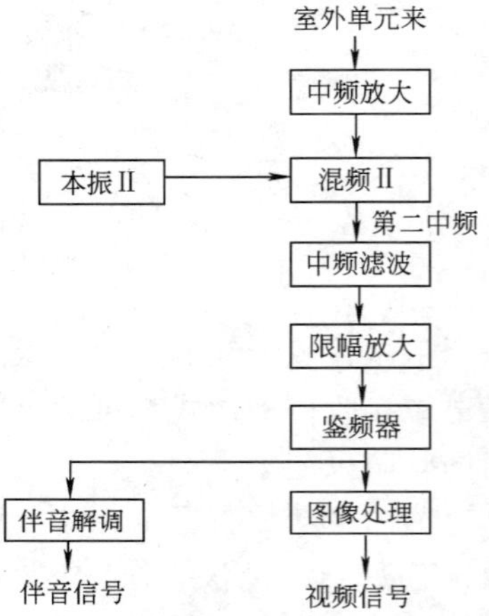

图 3-43 卫星接收机（室内单元）方框图

五、卫星电视广播频率

全世界卫星电视广播按规定分为三个区，见表 3-12，我国属第三区。目前我国的卫星电视广播只用 C 波段（下行频率 3.7～4.2GHz）和 Ku 波段（下行频率 11.7～12.2GHz），见表 3-13 和表 3-14。

第三区使用的频带划分为 24 个频道，由表 3-13～表 3-14 可见，各频道的间隔为 19.18MHz。我国计划使用的是 1、5、19 和 13 频道。

卫星广播用频段分配表　　　　表 3-12

波段名称 (GHz)	频率范围 (GHz)	带宽 (MHz)	地区分配			备注
			欧洲、非洲、前苏联	南美洲 北美洲	亚洲、澳洲	
			1 区	2 区	3 区	
L	0.62～0.79	170	√	√	√	不能妨碍地面电视
S	2.5～2.69	190	√	√	√	只供集体接收
C	3.7～4.2	500			√	亚洲通信卫星组织

续表

波段名称(GHz)	频率范围(GHz)	带宽(MHz)	地区分配			备 注
			欧洲、非洲、前苏联 1区	南美洲、北美洲 2区	亚洲、澳洲 3区	
Ku(12)	11.7～12.2	500			√	广播卫星业务优先使用
	11.7～12.5	800	√			广播卫星业务优先使用
	12.1～12.7	600		√		广播卫星业务优先使用
	12.5～12.75	250			√	共同接收用
Ka(23)	22.5～23	500		√	√	与主管部门协商
Q(42)	40.5～42.5	2000	√		√	广播卫星业务用
V(85)	84～86	2000	√	√	√	广播卫星业务优先使用

C 波段电视频道的划分   表 3-13

频道	1	2	3	4	5	6	7	8
频率(MHz)	3727.48	3746.66	3765.84	3785.02	3804.20	3823.38	3842.56	3861.74
频道	9	10	11	12	13	14	15	16
频率(MHz)	3880.92	3900.10	3919.28	3938.46	3957.64	3976.82	3996.00	4015.18
频道	17	18	19	20	21	22	23	24
频率(MHz)	4034.36	4053.54	4072.72	4091.90	4111.08	4130.26	4149.44	4168.62

Ku 波段电视频道的划分   表 3-14

频道	1	2	3	4	5	6	7	8
频率(MHz)	11727.48	11746.66	11765.84	11785.02	11804.20	11823.38	11842.56	11861.74
频道	9	10	11	12	13	14	15	16
频率(MHz)	11880.92	11900.10	11919.28	11938.46	11957.64	11976.82	11996.00	12015.18
频道	17	18	19	20	21	22	23	24
频率(MHz)	12034.36	12053.54	12072.72	12091.90	12111.08	12130.26	12149.44	12168.62

本 章 小 结

共用天线电视系统是由前端接收部分、干线传输部分和用户分配网络所组成。前端接收部分，主要考虑的是如何高质量的接收本地电视台发出的开路电视信号、闭路电视信号以及卫星电视信号，自办节目的信号源数量根据建筑使用功能进行确定。由于干线传输部分和分配网络是直接面对用户，它的构成方式以及线路的敷设方式、路径和用户点位置的确定，是一个比较复杂的系统工程。在满足共用电视系统技术要求的同时，还要考虑与建筑结构形式相适应、建筑物中的各种管道相配合等等。

前端接收的方式有许多种，卫星电视接收的部分仅是其中的一种。卫星电视接收装置接收的仅是由卫星传输的电视信号，卫星传输的电视信号有着覆盖范围大，传输距离长等优点，同时它的信号接收设备也是专用的和一般的设备有所不同。

复习思考题

1. 共用天线电视系统一般由哪几部分组成？各部分有什么作用？

2. 共用天线电视系统按系统的大小规模、系统工作频率、传输介质或传输方式、用户地点或性质分别分为哪几类？

3. 已知某放大器的电压增益是60dB，要求其输出信号为4mV，则放大器的输入信号应为多大？

4. 某放大器输入信号为$20dB\mu V$，输出信号为$80dB\mu V$，求放大器的电压增益是多少分贝？

5. 前端系统由哪几部分组成？前端设备包括哪些？

6. 电视接收天线有哪些类型？

7. 放大器有哪些性能指标？放大器有哪些类型？

8. 光缆CATV系统的有哪些特点？

9. 分配器与分支器有哪些异同点？什么是串接单元？

10. 用户分配系统有哪些分配方式？

11. 某工程为三层三单元楼房，其共用天线电视系统的分配方案如图3-44所示。图中d为三分配器，其分配衰减为4.5dB；$b_1、b_2、b_3$为三个二分支器，其分支衰减各为14dB、14dB、17dB，它们的插入损耗均为1.4dB；$u_1 \sim u_6$是六个用户终端盒，其插入损耗为1dB；干线采用SYV-75-9，分支线采用SYV-75-5-1，线路距离已在图中标出。试求，当用户u_1所需的信号电平不小于$65dB\mu V$时，前端的输出电平应该是多少？一单元其他各用户端的输出电平各是多少（按北京地区接收八频道中心频率为187MHz考虑，干线SYV-75-9在传输八频道信号时每米损耗约为0.1dB；分支线SYV-75-5-1在传输八频道信号时每米损耗约为0.2dB。）？

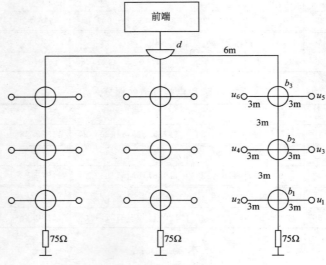

图3-44 习题11图

12. 卫星电视广播系统由哪三大部分组成？各部分有什么作用？

13. 卫星电视接收系统由哪几大部分组成？各部分由哪些组成？

第四章 建筑物内的扩声和音响系统

自然声源发出的声音在进行传播时，受其声音自身条件的局限，覆盖的面积是有限的，要保证声音的大面积覆盖必须将声源发出声音扩大。但是这种扩大是要有一定限制的，其前提是，既保证传输声音的真实性和一定面积的覆盖性，又要不产生使人感觉到不适应甚至是对人有危害的噪声。同时，对于有些特殊要求的声音，例如歌唱演员的歌声、各种器乐所发出的声音，它们都有着不同的频率范围，为了保证其特色就要将有些声音（高音、中音、低音）放大或减少。这些都需要将声音进行处理，而这些任务实现是要依靠扩声系统来完成。随着声学、电子学、建筑声学技术的发展，人们对扩声质量的要求也很高，为了有一个统一的衡量尺度，以满足人们的需求，国家对扩声和音响系统制定了非常明确的规定，可见其重要性。目前，扩声和音响系统已经是在厅堂建筑的使用环境中不可缺少的部分。

本章所涉及的建筑物内的扩声和音响系统主要讲述的内容包括：组成扩声和音响系统的传声装置、声音的扩大和调整装置及扬声器等电声单元器件的种类、使用性能和技术指标，以及这些由电声单元组成扩声和音响系统时相互之间的配合关系。同时，也讲述影响扩声质量的建筑环境与扩声、音响系统之间的关系。

第一节 扩声系统

一、扩声系统及其扩声设备

（一）扩声系统的基本构成

通常人们认为扩声系统是由自然声源（人发出的声音、各种器乐等发出的声音）、传声装置、声频信号的放大调整装置和扬声系统所组成。但是，从产生声音效果的角度来讲，上述的说法不够准确，由于声场中产生的声音效果不仅仅是电声装置独立完成的，室内的形状不同和室内由各种不同材料构成的墙面、顶棚等，有着不同的吸音和反声效果，或者说各种建筑材料的声学指标不同，最终都要产生不同的声音效果。所以，一般一个完整的扩声系统是由自然声源、传声装置、声频信号的放大调整装置、扬声系统和建筑声学环境所组成见图 4-1。

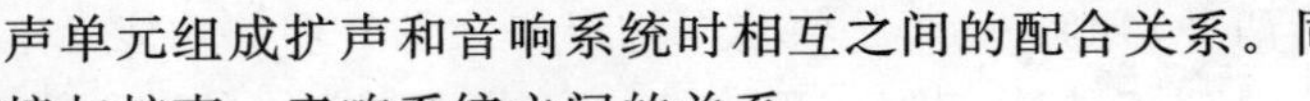

自然声源 → 传声装置 → 放大和调整装置 → 扬声系统 → 建筑声学环境

图 4-1 扩声系统的基本构成

（二）扩声系统中的设备

1. 自然声源

对于自然声源所包括的内容有两种说法：第一种，所谓的自然声源即人的讲话、唱歌或自然界发出的各种声音（这里主要指各种乐器）；第二种，在第一种的基础之上还包括已经制作完成的磁带、CD等。也就是说，将有些自然声源和其他种形式的声音储存完结的装置，通称自然声源。

如称自然声源应该是前者，如称声源应该是后者。也可以这样讲，在产生电信号之前的所有可以产生声波的地方无论是人、乐器、磁带和CD等装置，均称为声源。

2. 传声装置

传声装置也称传声器或话筒，它的主要功能是将声源的声波信号转换成电信号。若为电信号的处理、调整和放大做前期工作，它就是一个声-电转换器。

传声装置通常有如下几种类型：动圈式传声器、电容式传声器、无线式传声器。

(1) 动圈式传声器。是利用磁电转换的原理所制造成的声电转换装置。

(2) 电容式传声器。是利用电极板随声波变化而产生不同的电压值的原理所制造而成。

(3) 无线式传声器。是用超高频载波无线传送声音信号的驻极体电容传声器，它包括两部分，即驻极话筒和发射单元在内的无线话筒和接收机。

3. 放大和调整装置

扩声系统中的放大和调整装置是将声频信号变成的电信号进行调整和放大，是完成对电信号的整体处理和调节任务过程。这个装置同时也是扩声系统中电子技术的核心。放大功能是对电信号产生的功率进行放大以保证有足够的信号功率，来提高声音的覆盖面和穿透能力。称完成这种功能的装置为功率放大器，有时简称为功放。

调整装置包括两种功能：一个是将信号加以修饰和处理的功能，这种处理可以使声音达到完美的效果或得到某种特定的声音效果，完成这项功能的装置称为声频信号处理装置；另一个是将几路声频信号，例如歌唱演员唱的歌声信号和音乐的伴奏声音信号混合在一起，并按照最佳的声音效果调整好后输出到扬声器中以得到所需的声音效果，完成这项功能的装置称为调音装置。由于它的外形以台式为主，通常称之为调音台。

(1) 声频信号处理装置

声频信号处理装置中包括的设备有频率均衡器、延时器、混响器、声音的激励器、压限器、反馈抑制器和电子分频器等。这些器件可以是分离元件组建而成，也可以是由集成电路组成。无论是哪种组成方式，所完成的功能都是一致的。

1) 频率均衡器。频率均衡器的主要功能是调整声音幅频特性，根据声场的需要，将声音分成若干个频段，每个频率均衡器在各自的频段内的参量进行调整。

2) 延时器。延时器是抑制声音的回馈和多重音所造成的声音混乱，从而提高声音清晰度的设备。由于对声音时间可以控制，就可以保证了在有些场合要求声音和声像的同步问题（如讲解员的讲解要和图像演示同时进行时，必须同步）。

3) 混响器。混响器是将几种声音的频率组合在一起，根据实际的需要进行不同的组合输出。

4) 声音的激励器。声音的激励器是将声音信号激励成有一定调谐激励功率的信号，经过放大成为可以调节的谐波。当这个谐波调整到一定频率时，可以产生出非常好的声音效果，如声音的现场的真实感、清晰感等，使人感觉到没有扩声系统的存在，就像身临其境，在心理上得到满足。

5) 压限器。压限器的总称为压缩限制器。它将信号的幅值进行压缩和限制，达到防止信号的过大产生失真和造成其他器件的损坏。

6）反馈抑制器。反馈抑制器主要的功能是对反馈的信号进行抑制，提高系统的稳定度。

7）电子分频器。电子分频器是将全频道的信号分成几个频段以满足声音立体感的要求。例如，将全频道的声音信号分成高音、中音、低音，这样声音的立体感随之就产生了。

（2）调音台

调音台是一个多单元的组合设备，而每一个单元（工程中称为每一路）都能完成对其输入的声音信号按要求进行放大、混合、均衡和滤波等调节和处理，最后经过输出网络将信号合成为几路输出（图4-2）。每个输出信号的回路可以进行调节。

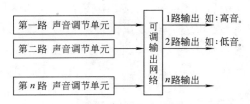

图4-2 调音台的原理框图

（3）功率放大器

功率放大器是扩声系统中非常重要的器件，它的性能指标对系统的声音质量起着关键的作用，一般讲，功率放大器就是对信号进行功率放大装置。

4. 扬声系统

扬声系统可以是由多个扬声器单元所组成，也可以是将几个扬声器组合（这种组合称为音箱）后再一次对音箱进行组合而成。或者说扬声系统是由扬声器和音箱组成的。

扬声器 俗称喇叭，是一个电-声转换的独立器件，它将调整好的电信号转换成声音信号，是组成扬声系统的基本单元。目前，独立使用的扬声器仅在一般场合应用，大部分场合使用的是扬声器组合即音箱。

二、扩声系统的类型

在现行的有关规范的规定中，按使用的要求，视听场所的扩声系统一般可以分为语言扩声系统、音乐扩声系统、语言和音乐兼用的扩声系统。

如果按照扩声系统诸多使用的前提条件分类，扩声系统可以有如下几种类型：

（1）按照扩声设备的安装形式可分为固定式安装的扩声设备（称为固定式的扩声系统）和移动式的扩声设备（称为移动式的扩声系统）两种类型。固定式的有各种室内安装的台式扩声设备，移动式的有手提式的扬声器和移动式的转播车等。

（2）按照使用环境和用途可分为室内和室外的扩声系统。室内的扩声系统包括礼堂、俱乐部、剧场、音乐厅、体育馆和各种多功能厅的扩声系统等。室外的扩声系统可以包括公园、广场和车站的扩声系统等。

（3）按照扬声器的分布形式可分为集中式的扩声系统、分区式的扩声系统和混合式的扩声系统。集中式的扩声系统是将扬声器集中放在一起进行声音的播放，分区式的扩声系统是将扬声器按照高音、中音、低音等分布设置。混合式的扩声系统是指将前两种形式组合而成一个扩声系统。

（4）按照扩声系统的工作原理可分为单声道的扩声系统、双声道的立体声扩声系统和多声道的立体声扩声系统。另外，还有人工的混响系统等。

三、扩声系统的技术指标

1. 扩声系统的主要技术指标

扩声系统的主要技术指标是指声学指标，其内容根据建筑物用途类别、质量标准、对象等条件确定，通常包括如下几个指标：

（1）最大升压级。最大升压级是指室内声场中，某个声频范围内平均声压的值。在一个室内的声场中有很广泛的声音范围，如将这些声音范围分成几个声频范围，在某个声频范围内的平均声压值代表了这个声频范围的声音等级。

（2）传输特性频率。传输特性频率是指某个声频范围内的平均声压级的允许偏移值。

（3）传声增益。传声增益是指扬声器发出的声频信号传输到人的听觉器官处的声强与自然声源在传声器上产生的声强之差。它代表了扩声系统的放大能力。

（4）声场不均匀度。声场不均匀度是指在声场内某个声频范围内各点声强的最大差值。

有些扩声系统还考虑如下几个指标：

（1）总的噪声。总噪声是指扩声系统达到增益时的最高可用值而且没有声音信号输入的时候，声场内每个检测点处噪声声压的平均值。

（2）扩声系统失真。扩声系统的失真是指扩声系统由输入的声音信号到输出的声音信号整个过程中所产生的非线性畸变。

（3）语言的清晰度。语言的清晰度是指扩声系统发出的语言可以听清楚的程度。一般讲，是指语言中可以听清楚的单个音节数目占测定全部单个音节数目的百分比来表示，清晰度为：85%以上时，称为满意；75%~85%时，良好；65%~75%时，容易造成听觉疲劳；65%以下时，很难听清楚。

2. 扩声系统的技术指标

在现行的国家和行业的有关规定中，对视听场所扩声系统的声学指标做出了详细地规定。在规定中，对扩声系统的等级划分和声学具体指标见表 4-1～表 4-2。

扩声系统技术指标　　　表 4-1

声学特性 \ 扩声系统类别分级	音乐扩声系统一级	音乐扩声系统二级	语言和音乐兼用扩声系统一级	语言和音乐兼用扩声系统二级	语言扩声系统一级	语言和音乐兼用扩声系统三级	语言扩声系统二级
最大声压级(dB)(空场稳态准峰值声压级)	0.1~6.3kHz 范围内平均声压级≥100dB		0.125~4.0kHz 范围内平均声压级≥90dB		0.25~4.0kHz 范围内平均声压级≥90dB		0.25~4.0kHz 范围内平均声压级≥85dB
传输频率特性	0.05~10.00kHz 以 0.10~6.30kHz 的平均声压级为 0dB,允许 +4~-12dB,且在 0.10~6.30kHz 内允许≤+4dB		0.063~8.0kHz 以 0.125~4.0kHz 的平均声压级为 0dB,允许 +4~-12dB,且在 0.125~4.0kHz 内允许≤+4dB		0.1~6.3kHz 以 0.25~4.0kHz 的平均声压级为 0dB,允许 +4~-10dB,且 0.25~4.0kHz 内允许≤+4~-6dB		0.25~4.0kHz 以其平均声压级为 0dB,允许 +4~-10dB

续表

扩声系统类别分级 声学特性	音乐扩声系统一级	音乐扩声系统二级	语言和音乐兼用扩声系统一级	语言和音乐兼用扩声系统二级	语言扩声系统一级	语言和音乐兼用扩声系统三级	语言扩声系统二级
传声增益(dB)	0.1~6.3kHz 的平均值≥-4dB（戏剧演出），≥-8dB（音乐演出）	0.125~4.0kHz 平均值≥-8dB	0.25~4.0kHz 平均值≥-8dB	0.25~4.0kHz 平均值≥-12dB		0.25~4.0kHz 平均值≥-14dB	
声场不均匀度(dB)	0.1kHz，≤10dB~6.3kHz≤8dB	1.0~4.0kHz≤dB		1.0~4.0kHz≤10dB	1.0~4.0kHz≤8dB	1.0~4.0kHz≤10dB	

部分歌厅、舞厅和歌舞厅的扩声系统的技术指标　　　　表 4-2

指标	一级歌厅	二级歌厅（一级卡拉OK厅）	二级卡拉OK(包间)	一级歌舞厅	二级歌舞厅	三级歌舞厅	一级迪士高舞厅	二级迪士高舞厅
最大声压级	100~6300Hz，≥103dB	125~4000Hz，≥98dB	250~4000Hz，≥93dB	与一级歌厅相同	与二级歌厅相同	与二级卡拉OK相同	100~63000Hz，≥110dB	100~4000Hz，≥103dB
传输频率特性	40~12500Hz 以 80~1000Hz 的平均声压级为 0dB，允许+4~8dB，且在 80~8000Hz 允许<±4dB	63~8000Hz 以 125~4000Hz 的平均声压级为 0dB，允许+4~10dB，且在 125~4000Hz 允许<±4dB	100~6300Hz 以 250~4000Hz 的平均声压级为 0dB，允许+4~10dB，且在 125~4000Hz 允许 4~6dB	与一级歌厅相同	与二级歌厅相同	与二级卡拉OK相同	与一级歌厅相同	与二级歌厅相同
传声增益	125~4000Hz，平均声>-6dB	125~4000Hz，平均值>-8dB	125~4000Hz，平均值-10dB	与二级歌厅相同	125~4000Hz，平均值-10dB	与二级卡拉OK相同		
声扬不均匀度	100Hz,~10dB 1000Hz~6300Hz<8dB	1000Hz~6300Hz<8dB	1000Hz~6300Hz<12dB 卡拉OK包间不考虑	与一级歌厅相同	与二级歌厅相同	与二级卡拉OK相同	与一级歌厅相同	与二级歌厅相同
总噪声级[dB(A)]	35	40	40	40	40	45	40	45
失真度(%)	5	10	13	7	10	13	7	10

第二节　扩声系统的设计

一、扩声系统的设计原则和设计内容

1. 扩声系统的设计原则

扩声系统根据工程实际所提出的设计任务书以及建筑的使用功能、建筑的声学设计条件和有关设计资料为原则进行设计。

实际上，扩声系统的设计问题根本上是要解决声学技术的如何运用的问题。目前所说的声学技术的运用，包含了两个方面的技术运用。

首先是扩声系统如何组成、系统中的设备如何确定以及设备之间如何合理、有效地配合。在考虑这个问题时，主要是为了满足各种使用场所的使用功能为原则。对于不同的使用场所应该有不同的扩声系统形式和不同的设备，例如，专业用的声场（歌剧、话剧等）、多功能用的声场，在声场的要求上有所不同。前者必须有一定的特色以满足某些特殊要求，后者应该考虑在不同使用功能时的多种要求。但是特别要强调的是，扩声系统的质量如何并不是取决于扩声系统中每个独立设备的选型如何，也不是组成扩声系统中的设备数量越多质量会越好。其实，扩声系统的质量好坏的关键因素是系统中各种设备的配合关系如何，这是影响扩声系统的主要因素之一。

另一方面，在声场中的建筑声学技术的应用如何也是影响扩声系统是否有较高质量的因素。其实这个道理很简单，在声场中最终声音效果的体现是扩声设备产生的直接声音效果和建筑的表面材料所产生的间接声音效果而合成后传到人的听觉器官的。而建筑的表面材料的不同形式对声音的间接声音效果也不同，这种现象称为材料的声学特性。有时所采用的建筑材料是相同的，但是声场所在的建筑形状不同（简单地说室内的长、宽、高不同），声场中的声学指标也会不同。

所以，扩声系统设计要与建筑的声学设计同步进行，同时也要重视与建筑物内其他相关专业设计配合，主要是考虑这些相关专业在室内各种管道设计时对传声系统的影响。

2. 扩声系统的设计内容

扩声系统的设计不能脱离建筑声学设计时对其建筑使用功能的具体要求，同时也要根据实际客观条件的可能性（即经济性和实现的可能性），制定出符合实际标准的有针对性地设计方案。

通常情况下，扩声系统的设计内容包括如下几个方面：

（1）扩声系统的技术指标的确定；

（2）根据声场的实际情况进行几个重要参数的定量计算；

（3）进行扩声系统中设备的选择；

（4）设备的布置和安装方式的确定等。

在全部扩声系统组装后，必须对扩声系统中的设备进行调整，才能达到最佳效果。扩声系统的设计还包括调整方案的确定。调整方案的确定，前提是要对声场进行测量。设计调整方案时，应该按照国家的相关标准和各种行业的标准来制定其声学的特性指标。如果声学的指标不符合要求而进行了调整，调整的过程和处理的方法也必须有一定的科学合理性。

二、扩声系统的质量要求

扩声系统的质量要求是指对扩声系统产生的听音质量进行评价。无论扩声系统是如何组成的，其实对听音的质量评价应该从两个方面考虑：一方面是听清楚的程度如何；另一方面则是听舒服的程度如何。由此可见，评价听音质量指标的两个方面前者是定量指标、后者是定性指标。前者可以用仪器测定到一个准确的数值，后者则属于人们主观评价的范畴。这种评价可以受到许多种因素的影响，如人们的心理因素、每个人听觉器官的差异和每个人所置身于声场中的位置不同得到的结果也不同等因素。

评价听音质量实际上是设计中对建筑声学技术和电学技术综合应用结果的检验，不单单是对扩声系统中设备声学指标的评价。这里所说的定量是可以测定的指标，也就是指前面讲过的扩声系统的技术指标，如声压级、声场的均匀度、清晰度等等，这里就不详细地讲解了，请读者参照前面的内容。定性评价听音质量的内容，一般包括下面几个因素：

1. 声音的立体感效果

人们对声音立体感的效果主要是指声场中的声音要有一定的层次感、方位感、空间感，可以明显地感到声音的高音、中音、低音的频率部分都是非常充足和丰满的。

2. 声音的亲切感

人们如果感到声音亲切，其实是声音自然程度的展现。质量好的扩声系统是感觉不到声音发出的那种压迫力，只是有一种柔软自然的声音在听觉器官的周围回荡，这种感觉是声音的混合程度的体现。

3. 噪声

它是声音保真程度的衡量指标。

三、扩声系统主要技术参数的确定

在扩声系统设计之前，必须根据声场建筑的使用条件及其使用部门的具体要求来确定扩声系统的技术指标。在这些指标确定的时候应该遵照本书中第一节中的表 4-1 和表 4-2 的有关条款进行。

四、扩声系统中主要技术指标的定量计算

影响扩声系统技术指标的因素很多也很复杂，因此扩声系统中主要技术指标的定量计算也是很繁琐。手工计算的精度有时达不到要求，只是采用估算，所以造成了人们对计算的忽略，使得扩声系统的质量提高受到一定的限制。但是，由于计算机应用技术的引入，有许多可以使用的计算软件提供给设计者，这就使得计算的结果准确了许多，同时也使得计算过程简单化了。在这里就不介绍软件的具体内容和软件的名称了。另外，由于本书不是设计手册，对扩声系统中主要技术指标的定量计算内容，不进行讲述。请读者参见有关设计手册和设计软件的使用说明。

五、扩声系统中主要设备的选型

（一）传声器类型的确定

1. 各种传声器及其适用的场合

（1）动圈传声器。动圈式传声器的结构形式简单，工作原理也简单，组成的元件少，制造的工艺不复杂。因此，它具有使用方便、价格低、寿命长的特点。而且这种传声器的声学技术指标特性稳定、可靠性强。在没有特殊要求的一般场合的扩声系统中被广泛地使用。

（2）电容式传声器。电容式传声器具有频率特性宽和灵敏度较高的特点，可以满足各种对扩声系统的声学指标要求较高的场合使用，如各种文艺演出、录音等项目。由于电容式传声器是由电子元件组合而成，对潮湿的特性不能很好适应，当电子元件潮湿后，传声器容易产生噪声。由于是组合而成，它的机械强度性能指标较差。另外，电容式传声器在使用时，必须加入附件才能正常使用，这样价格就有所提高。

（3）无线式传声器。无线式传声器是不需要连接线路的，这就给使用者带来了方便，它可以在一个较大的范围内动态的使用。通常，无线式传声器传输的无障碍距离最多可达

到几百米。

总之，动圈式的传声器适用于一般扩声系统，电容式的传声器适用于声学技术指标要求较高的场合，无线传声器适用于活动范围较大而且不是固定的场合。

2. 各种传声器的主要技术指标

传声器的主要技术指标，包括灵敏度、频率响应、指向性、等效噪声和输出阻抗等。

(1) 灵敏度。灵敏度是表示传声器声-电转换的效率。它规定：在 1kHz、0.1Pa 的正弦信号升压，从正面 0°主轴上输入时的开路输出电压，单位是 dB 或者 mV/Pa，规定值：1V/Pa 是 0dB。同场使用的传声器的灵敏度在 $-60\sim-34$dB 之间。

(2) 频响特性。频响特性是传声器输出与频率的关系。它表示传声器在 0°主轴上灵敏度随频率变化时，不超过某一个规定值时所对应的频率范围，有时也称该项指标为频率响应范围。

(3) 方向特性。方向特性是传声器灵敏度随声波传入的方向变化的特性。方向特性的指标与频率值的高低成正比。方向特性的值用传声器正面 0°方向与背面 180°方向上灵敏度的差值来表示。单位：分贝 (dB)。一般情况下，差值大于 15dB 的传声器属于方向性较好的传声器。

(4) 输出阻抗。在输出端测得的传声器交流内阻值，称为传声器的输出阻抗。传声器有高阻抗和低阻抗之分。高阻抗的值有：10kΩ、30kΩ、50kΩ 等，低阻抗的值有：50Ω、150Ω、250Ω、600Ω 等。

(5) 传声器的最高声压级。当传声器达到失真的某一个允许值时声压的最高等级。

(6) 等效噪声级。传声器自身存在的固有噪声。

(7) 传声器的工作电压。只有电容器式的传声器工作时要加入 12～48V 的直流工作电压，驻极式的电容式传声器外加 1.5～9V 的直流电压才能工作。动圈式的传声器不需要外加电压就可以工作。

各种形式的传声器见图 4-3～图 4-7。

图 4-3　电容式传声器

图 4-4　手持动圈传声器

图 4-3 是微型的全方向性驻极电容传声器，有很宽的频响。在电缆上另设一小盒，内装 1.5V 干电池，电源开关和皮带卡子。

图 4-4 是用于讲话的全方向性传声器，精心设计的外形特别适合持于掌中，频响方向

图 4-5 手持式电容传声器

图 4-7 手持式动圈式传声器　　　　图 4-6 带遥控开关的动圈式传声器

性的设计以近距离讲话为着眼点。

（二）调音台类型及其选择

调音台可以按技术指标分为各种类型，但是多数情况下调音台可以按照输入的路数和输出的路数（或组数）来确定其类型。调音台的输入回路有 6～32 路，输出回路有 2、4、6 路等。关于输出和输入的路数通常用下列方式表示：如 12/2，所表示的是 12 路输入和 2 路输出；16/4/2，表示的是 16 路输入、4 路编组输出和 2 路总输出。

另外，根据调音台使用的性质不同可以分为专业调音台、录音调音台和通用的调音台等。每一种调音台的技术指标有所不同，指标的类型也有所侧重。

根据调音台的工作原理可以分为模拟式调音台和数字式调音台。模拟式使用的比较早，而现在数字式的正在被广泛地采用。前者的价格比后者要低一些。无论是哪种调音台，其组成的原理基本上无大的区别。调音台的基本组成如图 4-8 所示。

从图中可以看出，调音台具有四项功能：信号的放大、处理、混合和分配。这四项功能在一般的调音台中都具有，但是有些和计算机配合使用的调音台还有其他辅助功能。信号的放大是指电信号的放大，由调音台中的各种放大器来完成；信号的处理是指信号的调整和加工，通过现场的技术人员对均衡器的操作来完成；混合是完成多路信号变成一路或几路信号的综合，由混合器来完成；分配器是进行信号分配的。

一般情况下，调音台是不带功率放大装置的，但是有一些小型的调音台为了使用方便，将调音台和功率放大器制造成统一的装置，称这类装置为带功率放大器的调音台。

在调音台选择时，首先要使之满足扩声系统的技术指标，然后按照输入和输出的回路数来确定调音台的输入和输出。输入回路数量主要是依照音源的数量来定。输出回路数量是按照扩声系统中需要独立调整扬声器的数量来确定。同时，也要考虑监听录制等功能。

调音台控制面板形式和调音台外部的连接设备如图 4-9～图 4-10 所示。

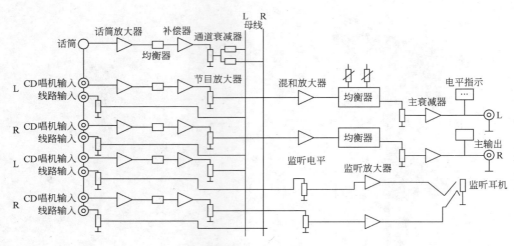

图 4-8 调音台的组成原理图

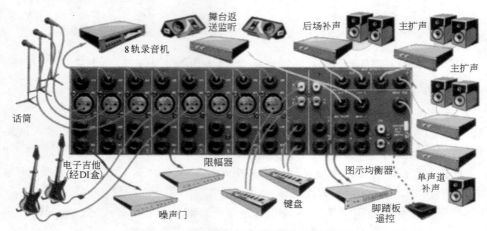

图 4-9 调音台和其他设备的连接示意图

图 4-10 一般形式调音台的控制面板图

（三）扬声器类型及其选择

1. 扬声器的类型

（1）高音扬声器。高音扬声器发出的频率比较高而且频带比较窄，因此它的指向性比较强。按照扬声器功率数值的大小可以分为大功率和小功率的两种类型。大功率的功率范围在100W以上，小功率的扬声器的功率在100W以下，有的仅有几十瓦。但大功率的扬声器一般情况下不单独使用，它和其他种类的扬声器组合成一个全频道扬声单元，在这个单元里高音扬声器仅是完成高音的部分而已。小功率的扬声器可以单独使用，在室内不同的扩声系统，如广播系统中的扬声器使用等。图4-11是室内嵌入式扬声器的几种类型的外形。它可以嵌入在墙内也可以嵌在顶棚上。图4-12是室内使用的强指向性的扬声器。室外使用的扬声器是属于高音扬声器，这种扬声器的口径较小，工程中统称为号角高音扬声器。

图4-11 室内嵌入式扬声器几种类型的外形

图4-12 室内使用的强指向性的扬声器

（2）低音扬声器。低音扬声器的特点是频率较低而且频带较宽，指向性不是很好，而且功率很大。通常情况下不单独使用，它和其他种类的扬声器组合成一个全频道扬声单元，在这个单元里低音扬声器仅是完成低音的部分而已。也有一些频率特别低的扬声器称之为超低频扬声器或者超低音扬声器。

（3）组合式扬声器（扬声器组）。将高音、低音以及各种类型的扬声器组合在一起就成了扬声器组，工程中称为组合式扬声器。组合时，采用不同扬声器组合的方式会得到不同的频率范围和不同的声学技术指标，以适应不同声场的要求。例如，指向性要求强的场所高音扬声器选择多一些，频率的范围要求大的场所低音扬声器选择的多一些。

在组合扬声器时，也可以将外形有所改变，组合扬声器从外形上被人们称之为声柱、声带和音箱等。组合扬声器是一个全频道的扬声器系统，它具有频率范围可以预先设定、

图 4-13 组合式扬声器的外形图

声音的传播不失真等优点,在大型的会议和各种文艺演出时均可以使用。随着人们对声音的要求越来越高的需求,组合式扬声器已在各种场合广泛地应用。

2. 各种扬声器的主要技术指标和选择时注意的问题

扬声器的主要技术指标有灵敏度、额定功率、频率响应、阻抗、指向性等。

(1) 特性灵敏度 E。特性灵敏度就是在扬声器加上 1W 粉红功率时,轴向 1m 处各个频率升压有效值的平均值,当用分贝(dB)表示时,称为特性灵敏度,其单位是:dB/(m·W)。所谓粉红功率是指用正比于频率的频带的宽度测量时,频谱连续并且均匀的噪声。

除此之外,对灵敏度的定义还有相对灵敏度和绝对灵敏度等,但是特性灵敏度能直接反映扬声器的电声转换效率,使用时比较方便。所以在工程应用中,产品的生产厂家一般情况下所给出的扬声器的灵敏度是指特性灵敏度。

一般扬声器的灵敏度在 80~100dB/(m·W),纸盆低音扬声器灵敏度较低,号角式高音扬声器的灵敏度较高。有些新型的号角式扬声器可以达到 110dB/(m·W) 以上,扬声器的电声转换效率是很低的,相对于上述灵敏度的扬声器其效率大约是在 0.2%~20% 左右。

灵敏度是一个设计时必须考虑的重要指标,如对于灵敏度为 90dB/(m·W) 和 93dB/(m·W) 的两只扬声器来说,为了在声场中得到相同的声压级,则推动前者的功率放大器要比后者的功率大一倍。

(2) 额定承受功率。最大承受功率和最大瞬时功率,在长期使用不至于因过热而损坏的情况下输入到扬声器的最大低频电功率称为额定功率,或称为额定承受功率。在规定的短时间内不因过热而损坏的情况下,允许输入到扬声器最大低频电功率为最大承受功率。在不超出允许非线性畸变的条件下,扬声器输入的最大电功率称为最大瞬时功率。

通常情况下,音响的功率数值代表了音响的额定承受功率。承受功率的数值决定了声场可以达到的最大声压级。

(3) 频率响应。在电压值不变的前提下,所测得扬声器声压级随频率变化的特性称为扬声器的频率响应特性。它是扬声器的一个重要的指标，不同的频率响应特性的扬声器有着不同的用途。如频率响应的范围在60Hz～20kHz的扬声器可以用于整个声频范围，故称全频率扬声器。如频率响应的范围在40～100Hz的扬声器，可以用于低频率扬声器等。

（4）阻抗特性。扬声器的阻抗随频率变化的特性称为阻抗特性。在阻抗频率曲线上，由低频到高频的第一个共振后的最小值，称为扬声器的额定阻抗。扬声器的阻抗是功率放大器和扬声器的主要依据。一般扬声器的阻抗从2～16Ω，大多数是4Ω和8Ω的。

（5）指向特性。扬声器的指向特性是指灵敏度和辐射方向的关系，通常用指向系数表示。某一个给定频率的指向系数是在与扬声器轴向成θ角的方向上给定距离处的有效声压与在扬声器轴向上相同距离处有效声压的比值。

指向性系数用Q表示：

$$Q = L_O / L_\theta$$

式中　L_O——扬声器轴向0°上某点产生的声压；
　　　L_θ——扬声器在与轴向成θ角的同样距离产生的声压。

六、厅堂扩声系统调音台和输出、输入设备互联时优选电气配接值

厅堂扩声系统调音台和输出、输入设备互联时，优选电气配接值见表4-3～表4-4。

互联优选电气配接值表　　　　表4-3

类别＼项目	传声器（输出）	无线传声器（无线传声器接收机）	磁带录音机（放声、输出）	电唱盘（拾声器输出）	辅助设备（输出）	调音台 互联优选值	类别＼项目
额定阻抗	电容 200Ω 动圈 200Ω			由产品技术条件定		200Ω 平衡（传声器输入） 电磁 2.2kΩ 动圈 30.0Ω（拾声器输入）	额定信号源阻抗
输出阻抗		≤600Ω 平衡	≤600Ω 平衡/≤22kΩ			600Ω 平衡 600Ω 平衡/≤22kΩ（磁带录音机输入） 600Ω 平衡（辅助设备输入）	
额定输出电压	电容 1.6mV[①] 动圈 0.2mV[①]				≤600Ω 平衡	电容 1.6mV 动圈 0.2mV	额定信号源电动势
		0.775V（0dB） 7.75mV（－40dB）				0.075V（0dB） 7.75mV（－40dB）	
			0.775V（0dB）/0.5V（－3.8dB）			0.775V（0dB）/0.5V（－3.8dB）	
				电磁 3.5mV[②] 动圈 0.5mV[②]		电磁 3.5mV 动圈 0.5mV	
					0.775V（0dB）	0.775V（0dB）	

续表

类别\项目	传声器(输出)	无线传声器(无线传声器接收机)	磁带录音机(放声、输出)	电唱盘(拾声器输出)	辅助设备(输出)	调音台 互联优选值	类别\项目
最大输出电压	电容 1.6mV③ 动圈 0.2mV③					电容 1.6mV 动圈 0.2mV	超载信号源电动势
		7.75V(20dB) 77.5mV(-40dB)				7.75V(20dB) 77.5mV(-40dB)	
			7.75V(20dB) 4.35V(15dB)④ /2.00V(8.2dB)			7.75V(20dB) /2.00V(8.2dB)	
				电磁 14mV 动圈 2mV		电磁 14mV 动圈 2mV	
					7.75V(20dB)	7.75V(20dB)	
额定负载阻抗	电容 1.0kΩ 动圈					≥1kΩ 平衡(电容) ≥600Ω 平衡(动圈)	输入阻抗
		600Ω				≥5kΩ 平衡	
			600Ω/22kΩ			≥5kΩ 平衡/ ≥200kΩ	
				电磁 47kΩ 动圈 100Ω		电磁 47kΩ 动圈 100Ω	
					600Ω	≥5kΩ 平衡 600Ω 平衡⑤	

扩声系统调音台与输出设备互联的优选电气配接值　　表 4-4

类别\项目	调音台 互联优选值	磁带录音机(录声线路输入)	监听机	头戴耳机(输入)	辅助设备(输入)	功率放大器	扬声器(输入)	类别\项目
输出阻抗	≤600Ω 平衡(磁带录音机输出)	600Ω 平衡						额定信号源阻抗
	≤600Ω 平衡(监听机输出)		600Ω 平衡					
	在额定频率范围内不大于额定负载阻抗			—				
	≤600Ω 平衡(辅助设备输出)				600Ω 平衡			
	≤600Ω 平衡(输出)					线路输入 600Ω 平衡		
额定负载阻抗	600Ω(磁带录音机输出)	≥5kΩ 平衡 220kΩ						输入阻抗
	600Ω(监听机输出)		600 平衡 ≥5kΩ 平衡					
	50Ω,300Ω,2kΩ(监听机输出)			标称阻抗 50Ω、300Ω,2kΩ				
	600Ω(辅助设备输出)				≥5kΩ 平衡 600Ω 平衡④			
	≤600Ω⑦					600Ω ≥5kΩ 平衡		

续表

类别 项目	调音台 互联优选值	磁带录音机（录声线路输入）	监听机	头戴耳机（输入）	辅助设备（输入）	功率放大器	扬声器（输入）	项目 类别
额定输出电压	0.775V(0dB)（磁带录音机输出） 48.500mV(−25dB)（监听机输出） 额定输出功率 ≤100mW 0.775V(0dB)（辅助设备输出） 0.775(0dB)	0.775V(0dB)	133.0nV(−15dB)[3] 43.5nV(−25dB)[3]		0.775V(dB)			额定信号源电动势
最大输出电压	7.75V(20dB) 435mV(−5dB) 7.75V(20dB)（辅助设备输出） 7.75(20dB)	7.75V(20dB)	—		7.75V(20dB)			超载信号源电动势
—	—					0.775V(0dB) 0.3V(−6dB) 0.19V(−12dB)		额定输入电压
输出阻抗[9]						在额定频率范围内不大于额定负载阻抗的1/3	—	
额定负载阻抗						4,8,16,32Ω	4,8,16,32Ω	标称阻抗
额定输出功率	≤100mV（耳机输出）	—						

注：① 所给值的相应于0.2Pa（80dB SPL）声压。
② 此值相应于1000Hz时录声带速为5cm/s（有效值），录制方式45°/45°，拾声器有以下的灵敏度范围：
动圈拾声器为0.05～0.2mV·s/cm；
电磁拾声器为0.24～1.0mV·s/cm。
③ 所给的值相应于100Pa（134dB SPL）声压。
④ 此值只适用于便携式录音机。
⑤ 600Ω平衡是用于转播和类似用途。
⑥ 600Ω平衡是考虑在长线传输时增设的。
⑦ 额定负载阻抗为600Ω的调音台，允许最多跨接八个输入阻抗为3kΩ的功率放大器。
⑧ 监听机的额定信号源电动势值，为监听机在最高增益时达到额定输出功率的输入信号电压。
⑨ 此值计算时应包括馈线电阻。

七、扬声器的功率放大器电功率的确定

确定扬声器的电功率是为了合理地选择扬声器和选择功率放大器。虽然确定扬声器的电功率的方法有许多种，每一个方法都有其自身的特点和适用范围，但是无论是哪种方法均是以保证声压级和清晰度这两个指标为目的。另外需要指出的是，本节介绍的内容是以室内扩声系统为例的，同时室内的扬声器也是集中放置的。

（一）在考虑了直达声和室内混合声响时扩声系统中扬声器电功率的计算

1. 扬声器 L_{pm}（在 r 点处）的声压级的确定

$$L_{pm}=L_w+10\text{Lg}\left(\frac{D}{4\pi r^2}+\frac{4}{R}\right) \tag{4-1}$$

公式　L_{pm}——扬声器在 r 点处的声压级（dB）；

　　　D——扬声器的指向性因数（当声源位于室内中间或舞台中间时，取值为 1；当声源位于室内地面中间或墙面中心，取值为 2；当声源位于室内某一边线中点，取值为 1）。

　　　r——声源扬声器距测点的距离（m）；

　　　R——声场中房间的形状指数（或称房间形状常数）。按下式估算：

$$R=(a\times A)/1-a \tag{4-2}$$

$$a=(\Sigma A_i\times a_i)/A \tag{4-3}$$

式中　a——在声场内所有材料的平均吸音系数；

　　　a_i——第 i 种吸音材料的吸音系数；

　　　A_i——第 i 种吸音材料的表面积（m²）；

　　　A——声场中所在室内房间的总表面积（m²）。

2. L_w 扬声器的声功率等级的确定

$$L_w=10\text{Lg}W+120 \tag{4-4}$$

式中　W——扬声器的声功率（W）。

3. 据扬声器 r 处要获得声压级 L_{pm} 时所需要声功率（P_r）的确定

$$P_r=\frac{1}{D/4\pi R^2+4/R}\times 10^{(0.1l_{pm}-12)} \tag{4-5}$$

4. 扬声器电功率（P_e）的确定

$$P_e=P_r/\eta \text{（W）} \tag{4-6}$$

式中　η——扬声器的电声转换效率。

（二）按室内有效容积估算扬声器总的输入电功率

在有些使用场合对于扬声器和扩声系统的要求不是很高，可以根据使用的场合的不同性质和有效容积，对扬声器总的电功率进行估算。

作为用来进行语言扩音的扬声器和扩声系统，每立方米的有效容积扬声器的电功率是 0.3W。作为音乐使用的扬声器和扩声系统，每立方米的有效容积扬声器的电功率是 0.5W。

（三）扬声器的功率放大器电功率的确定

上述所讲的扬声器电功率的计算，所指的是在声场中的扬声器总电功率的计算，实际上在声场中扬声器为了满足均匀度的要求，是将扬声器分为几路，均匀分布在声场中的。在考虑了上述的情况后功率的计算可按下式进行确定：

$$P = K_1 \times K_2 \times \Sigma P_0 \tag{4-7}$$

式中　P——功率放大器输出的总的电功率（W）；
　　　K_1——线路的补偿衰减系数。根据线路衰减的不同取值也不同。通常情况下，线路的衰减为1分贝时，取值为1.26；2分贝时，1.58；3分贝时，为2；
　　　K_2——线路老化系数。取值在1.2～1.4之间；
　　　P_0——每个回路扬声器同时使用时最大的电功率：

$$P_0 = P_i \times K_i \text{（W）} \tag{4-8}$$

式中　P_i——第i个回路扬声器同时使用时最大的电功率（W）；
　　　K_i——第i个回路扬声器同时使用系数。根据使用的情况取值的范围在0.2～1.0之间。

特别应该注意的是：经过上述计算出来的功率放大器电功率，是没有考虑功率的储备容量。所计算的结果只是满足了达到平均声压级要求的电功率。实际在使用中，应该考虑功率的储备。通常情况下在考虑了功率储备后，对于语言扩声系统中，一般为计算值的5倍；在音乐扩声系统中，为计算值的10倍。

另外，储备的功率和备用的功率不是一个概念，千万不能混淆。

八、扬声器的最远供声距离（r_m）的确定

在室内的扩声系统中，每一个听音位置上收到的声音信号都应该是由扬声器的直达音和声场中的混响音组成，当室内的条件确定后混响音的信号是不会改变的。而直达音信号会随着距离的增加而使衰减加大，造成清晰度的下降。在设计中通常要保证直达音的声音强度大于混响声音强度的12dB。也就是说，扬声器的最大供声距离小于临界值的3～4倍。如下式所示：

$$r_m \leqslant 3 \sim 4 r_c \tag{4-9}$$

$$r_c = 0.14 \times Q \sqrt{D \times R} \tag{4-10}$$

式中　r_m——扬声器的最远供声距离（m）；
　　　r_c——最大供声距离临界值（m）；
　　　D——扬声器的指向性因数。当声源位于室内中间或舞台中间，取值为1；当声源位于室内地面中间或墙面中心，取值为2；当声源位于室内某一边线中点，取值为1；
　　　R——声场中房间的形状指数（或称房间形状常数），同式（4-3）；
　　　Q——扬声器在某个方向上的指向系数。见扬声器的技术指标。

九、扬声器系统和功率放大器的匹配

目前使用较多的功率放大器分为定压式和定阻式两种输出方式，但是无论是哪一种方式扬声器系统与其匹配的原理都是相同的。它们的匹配包括电压的匹配、阻抗的匹配和阻尼的匹配。

1. 电压的匹配（定压式功率放大器）

这种匹配的方式是保证每个扬声器分配到电功率等于或小于扬声器的标称功率。为了满足这个条件则要求扬声器变压器的一次阻抗符合如下关系式：

$$Z_i = E^2/W \tag{4-11}$$

式中　Z_i——扬声器变压器的一次阻抗（Ω）；
　　　W——扬声器的标称功率（W）；
　　　E——功率放大器输出的电压值（V）。

2. 阻抗的匹配（定阻式功率放大器）

这种匹配方式是保证全部扬声器的负载总阻抗值等于或小于功率放大器的输出阻抗值。匹配的关系式如下：

$$Z_0 = (N_1/N_2)^2 \times Z \tag{4-12}$$

式中　Z_0——功率放大器的输出阻抗（Ω）；
　　　Z——负载总阻抗值（Ω）；
　　　N_1、N_2——分别为匹配变压器的一次和二次绕组的匝数。

3. 阻尼的匹配

这种匹配的方式是保证功率放大器对扬声器产生一种电的阻尼作用，从而使扬声器有一定的保真性能。

通常，这类匹配的性能用阻尼系数表示。

$$阻尼系数 = \frac{功率放大器的额定输出阻抗}{馈线阻抗 + 功率放大器阻抗}$$

从上式不难看出，如果阻尼系数较小时，扬声器的低频特性、声压频率特性、清晰度等指标都会下降。在一般的工程中，阻尼系数应该大于或等于10，这样整个扬声系统的声学技术指标才能达到最佳。

第三节　扩声系统中设备布置及其线路

一、扩声系统控制室内设备的布置

扩声系统的控制室内设备布置目的，一方面是为了使工作人员在进行操作系统、监视系统工作时方便，从而降低劳动强度、提高工作效率；另一方面是为了对设备的检修和维护时方便，从而保证系统可以正常的工作。虽然各种各样的扩声系统有着不同的组成形式，系统中所具有的设备数量和型号都不相同，但是在控制室内进行设备布置时的要求基本相同。通常情况下，扩声系统的控制室内设备布置宜符合下列规定：

（1）扩声系统的控制台设置在与观察窗垂直的位置，这样有利于使操作人员在进行控制操作时，看到现场的实际情况，对控制的效果可以直接地进行观察。

（2）扩声系统中所有设备尽可能的布置在同一个房间内，这样可以减少设备之间的连接线路，设备之间的配合和统一协调非常方便。对于那些要经常操作的设备应该距离操作人员近一些，减少劳动强度，提高工作效率。

（3）如果扩声系统的设备较多时，可以将功率放大部分的设备独立设置在另一个房间。功率放大设备体积较大，发热也大，将它独立设置在一个房间内是最佳的方案。

（4）当功率放大设备独立设置时，功率放大设备布置应该符合下列规定：

1）功率放大器的机柜前面净距离不小于 1.5m；

2）功率放大器的机柜侧面、背面与墙边净距离不小于 0.8m；

3）如有多个功率放大器的机柜并列布置时，柜的侧面需要维护时，其间距不应小于 1m；

4）当采用电子管的功率放大设备单列布置时，柜间的距离不应小于 0.5m；

5）在有振动场所周围的设备布置时，设备要加入防震措施。

二、扬声器的布置

扬声器的布置有许多因素要考虑，不同的使用条件、用途，声场内的建筑结构形式不同以及不同类型的扬声器设备等均需要考虑。实际上，扬声器布置时应该根据上述的不同要求而采用不同的布置方式。如果不是特殊的使用条件，布置时可以遵照一般原则来布置。

1. 扬声器布置时遵照的一般原则

（1）根据建筑使用功能、室内体型和空间高度以及听众席的位置情况来确定扬声器的布置方式（是集中布置、分散布置或是混合式布置）。

（2）要保证扩声系统的声学性能指标达到最佳效果。即声场的均匀度最佳、视听的方向一致、声音的立体感强、自然亲切等，即定性和定量的指标都达到最好。

（3）要可以对声音的反馈有抑制作用，最大限度的提高系统的传声增益。

（4）要保证扬声器发出的声音比自然声源延迟 5～30ms。扬声器发出的声音要能覆盖全部听众席。

（5）敷设的线路要简单，路径要最短，减少损耗、便于维护。

2. 厅堂内扬声器布置的具体要求

（1）对于建筑声学指标比较好的厅堂内，如专业用的剧场、舞厅等文艺演出的场所，扬声器布置方式可以采用集中式。将所有的扬声器布置在舞台上，将一部分设置在舞台的上方、一部分设置在台口的两侧。同时，可根据厅堂的特点，将这两个部分中指向性好的扬声器有所针对性（后场、中场的某个范围等）设置。以保证厅堂内后部分、中间部分都有较好的声音效果，均匀度和清晰度达到最佳指标。

（2）对于大多数厅堂来说，它的使用功能是综合性的，有时作为一般演出的剧场、有时作为会议的会场，也就是我们常说的多功能厅。这类的厅堂是综合性的，声场的使用条件不是非常确定，因此建筑的声学性能指标不是特别好确定。针对这种特点，扬声器的布置，一般采用集中式和分散式相结合的方式。集中的布置方式和上述讲的完全相同，分散的布置方式为在厅堂的后部和厅堂的中部分别设置一定数量的扬声器，其位置一般在顶棚上。当采用这种方式布置时，为保证声场内的声音没有回音、多重音的产生，布置在中部和后部的扬声器要考虑时间的延迟。

三、传声器布置与扩声系统反馈声的抑制

1. 传声器布置时的要求

传声器在布置时，应该符合下列规定：

（1）传声器的位置与扬声器（或扬声器系统）的间距宜尽量大于临界距离，并且位于扬声器的辐射范围角以外。

（2）当室内的声场声音指标不均匀时，传声器应尽量避免设在声级高的位置。

（3）传声器应远离可控硅干扰源及其辐射范围。

对于会议厅、多功能厅、体育场等不同场所，应该按照需要，合理配置不同类型的传声器（包括无线传声器设备），并在可能使用的适当位置预留传声器的插座盒。

2. 扩声系统声反馈的抑制

声反馈是影响扩声系统质量的主要指标之一。对于室内声音反馈不仅仅是由直达声引起的，而且还有混响声引起的，而后者影响更加严重。

一般情况下有下列原因，都会产生声的反馈：

（1）当扬声器在传声器后面时，或者说传声器在扬声器的范围内时。

（2）扩声系统所在的厅堂噪声级数值很高时、混响声音较长时。

（3）在声场中有较大的声音在传声器之前出现时。

针对上述的原因，通常抑制声反馈的具体方法，一般有下面几种方式：

（1）选择方向性指标较强的扬声器，并且扬声器的频率响应不能受其他谐波的影响。

（2）选择单向性能指标较强的传声器。

（3）传声器的安装位置不应该在扬声器的范围之内。

（4）降低厅堂内噪声的等级，噪声源产生的地方要加入吸音的材料和设备。

（5）扬声器的布置采用分散式的。

四、扩声网络与线路的敷设

1. 扬声系统中扬声器分频控制

在大功率和要求较高的扩声系统中，必须将系统中全频带的声音信号按其频率的高低，有计划地分成两个或两个以上的频带（这些频带可以作为声音的高音、低音、中音、超低音等）。将这些不同频带的声音信号供给使用性质不同的扬声器，并且通过对每个频带信号在自身范围的调整，使不同的扬声器或扬声器系统均能发挥出最佳的声学效果，这样，整个扩声系统才能达到最佳的声学指标。同时，由于声音信号的频率是分段而且每一个频带内可以单独调整，系统的失真就会减少、音域可以变宽。

在系统中完成这项功能的是电子分频器。它的构成原理简单，是利用电子电路的组成基本单元。这种电子分频器有两种形式，一种是室内带电源的电子分频器；另一种是不带电源的电子分频器。分频的方式也分为前期分频和后期分频两种。通常情况下，可选择内带电子分频器的组合扬声器或扬声器系统进行后期分频控制。在有些对扩声系统的技术指标要求较高的扩声系统中，如单元的扬声器，可以采用有源式的电子分频器。但是，电子分频器必须连接在控制台和功率放大器之间。图4-14所表示的是有源式的电子分频器的应用。如果将分频器设置在扬声器内就属于内带电源的电子分频器的应用。

2. 功率放大器单元的有关要求

合理的划分功率放大器的单元和确定功率放大器的馈送方式是有效利用功率放

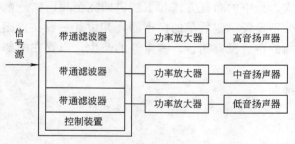

图4-14 有源式的电子分频器在系统中的应用

大器的重要条件。

（1）功率放大器的划分是必要性。

在扩声系统中，用一台功率放大器去带动整个扬声器或扬声器组，很显然是不合理的。如果功率放大器出现一些小的故障就会影响整个扩声系统。另外，前面所讲过的为提高扩声系统的技术指标而设置的电子分频器要求也不能这样做。可见功率放大器必须进行合理的划分。

（2）功率放大器的功率馈送方式。

功率放大器的馈送方式有定压式和定阻式两种。一般情况下，大型厅堂建筑中的扩声系统由于对系统的声学指标要求较高，可以采用定阻式的输出方式。这种方式可以有效地避免引入电感类设备对系统的影响，保证频响的效果。而对于大型的体育场馆类的建筑，由于供声的范围较大，声场内的噪声级较高，需要大功率的设备来驱动才能达到最佳的声学指标，故需要采用定压式的输出方式。

但是，无论是哪种输出方式，馈电线路宜采用聚氯乙烯绝缘双芯绞合的多股铜芯导线穿管敷设，并且自功率放大器至最远端的扬声器的导线衰减不应大于0.5dB（1000Hz）。

第四节　扩声系统控制室、电源和接地

一、扩声系统控制室

1. 扩声系统控制室的要求

扩声系统控制室的建筑和其他设施的要求见表4-5。

扩声系统控制室的建筑和其他设施的要求　　　表4-5

序号	技术房间名称	室内最低净高（m）	楼板、地面等效均匀静荷载（N/m²）	地面类别要求	室内表面处理		窗洞面积	门	外窗	照明	空调设备
					墙面	顶面	地面面积				
1	录播室	≥2.8	2000	塑料地面或木地板	根据声学处理选用材料和布置	根据声学处理选用材料和布置	1/6（要求高时不应开窗）	满足隔声要求	窗洞面积 地面面积 1/6	宜采用白炽灯照度150 lx以上	独立式，应符合噪声限制的要求
2	机房	≥2.8	3000		抹水泥石灰砂浆、表面刷浅色油漆	抹水泥石灰砂浆、表面刷浅色油漆	1/6（不宜开窗）	门宽不小于1.00m	良好防尘	照度150 lx以上	三级旅馆和有值班要求的机房，设空调设备

注：1. 楼板、地面等效均匀静荷载，应根据具体工程的实际情况校核；
　　2. 录播室的建声处理等应符合有关规定；
　　3. 当配线较多、使用要求较高时，机房可采用抗静电要求的架空活动地板；
　　4. 机房设备的周围铺胶垫或塑料等绝缘材料；
　　5. 采用独立式空调设备时，应采用分体式空调机。

2. 扩声系统控制室位置的确定

控制室位置的确定是扩声系统设计中重要的部分，它不仅考虑要适应扩声系统的特点，同时还要考虑在建筑中和其他用房的配合。另外从防止干扰的角度考虑，控制室不应与电气设备的机房，特别是灯光控制室等有电磁干扰的场所相邻或上、下层重叠。由于防干扰技术的发展，有些设备自身的结构进行了有效地处理，发出的干扰信号非常小，这些对扩声系统就不会有影响了，控制室位置的设置就可以不考虑干扰的问题。

二、扩声系统的供电和接地

扩声系统的供电电源的形式应按照扩声系统的负荷等级来确定，而扩声系统负荷等级的确定是与扩声系统所在的建筑物供电负荷的等级相适应的。也就是说，扩声系统负荷等级的确定，必须遵照供电设计中关于对电力系统动力负荷分级的有关规定进行。

对于重要公共建筑中的剧场、厅堂类的扩声系统和体育场馆等，一般情况下，负荷的等级为一级或二级。为了保证对其供电电源可靠性的要求，扩声系统的供电电源应从变电所内的低压配电装置的不同母线的分段上引出两个回路作为独立的电源使用。如果供电电源的接地形式为 TN 系统形式，该供电系统的接地形式应为 TN-S 或 TN-C-S 系统形式。

扩声系统应设立专用配电箱，两路的引入回路必须在专用的配电箱内进行互投和切换。互投和切换装置的选择应遵照供电设计中的规定。供电系统的接线形式建议采用放射式的接线形式。由配电箱向扩声系统中的功放设备进行供电时，应采用单相三线制，即相线、中性线和保护线（L＋N＋PE），这种接线形式是为了保证系统正常工作和人身的安全。

另外，扩声系统的电源不能和带可控硅的调光装置的负荷共用一台变压器，如果条件不允许时，则不能和带可控硅调光装置的设备共用一个回路。这时必须采用防干扰措施，主要措施有以下几种：

（1）可控硅调光设备自身具有抑制干扰波的输出措施，使干扰程度限制在扩声系统的允许范围内。

（2）引至扩声控制室的供电电源的干线不应穿越可控硅调光设备的辐射干扰区。

（3）引至调音台或前级控制台的电源应该有插座插接在单相隔离变压器。

如果供电电源的线路造成的电压波动值超出有关规定值时，应加入自动稳压的调压装置。控制室内应设置保护接地和工作接地，并且工作接地所构成系统一点式接地方式。但单独设置专用的接地装置时，其接地电阻值不应大于 4Ω。如果同其他的接地装置联合共用时，其接地电阻值小于 1Ω。

第五节 音响广播系统

建筑物内音响广播系统是扩声系统的一种形式。它具有覆盖面积大和目的性明确等特点，系统的技术指标特别是低音的质量要比厅堂扩声系统低一些。

一、音响广播系统的主要类型

建筑内音响广播系统按建筑的规模、使用性质和功能可以分为业务性广播系统、服务性广播系统和火灾事故广播系统等；按照音响广播系统的传输方式可分为两种方式，即有线音响广播系统和无线音响广播系统。

1. 业务性广播系统

这种系统是以满足业务及行政管理为目的，对日常工作指导和进行宣传教育的语言性音响广播系统。这种系统的形式在人员聚集的场所、车站、客运码头、航空港、各大专院校等处均可见到。业务性的音响广播系统的管理和控制，应由行政管理负责。

2. 服务性音响广播系统

服务性音响广播系统是以服务为目的提高服务环境质量的音响广播系统。通常情况下，一级至三级旅馆和大型的公共活动场所中都设置该系统。这种系统的主要目的是为了营造一个与建筑环境相适应的气氛，如大型公共场所的背景音乐广播和客房内节目性广播。这种系统的特点，是有效地配合建筑环境，从而提高服务质量。

3. 火灾事故性广播系统

火灾事故性广播是用于火灾发生时，引导人们迅速撤离危险场所的音响广播系统。鉴于这类音响广播系统有着比较特殊的要求，这部分的内容，本书不作介绍，详细请参见电气消防的有关内容。

从理论上和使用功能上讲，音响广播系统可以按上述分为三类，且每种类型都有着自身的特点和具体要求。但是无论是哪一种类型的系统，他们使用的设备大致相同，如果这套系统同时可以完成上述三种系统的使用功能，就可以用一套系统来代替三个系统工作。所以，在理解系统分类时注意不要太理论化。

二、音响广播系统的设备选择和布置

1. 传声器

音响广播系统中的传声器用途比较单一，一般情况下，仅有播音员一人或两人使用，大多数是以语言类播音为主。因此它不像厅堂中文艺演出等使用时，对其一系列声学指标要求的特别高。在选择时，应根据使用性质确定传声器的灵敏度、阻抗和频率特性等指标，同时传声器必须和整个系统在技术指标上能够匹配。在音响广播系统中的传声器通常采用动圈式心型或超心型具有指向性的特性功能产品。

2. 功率放大器

功率放大器在选择时，应考虑功率容量和输出方式两个方面。功率放大器设备容量的选择应按照公式（4-7）进行计算。功率放大器的输出方式有两种，即定压式和定阻式输出。选择时，按照输出范围的大小来确定输出方式。定压式输出方式适用于广播的覆盖面较大且用户的数量经常有增减的场所，在定压式输出方式下，用户的增减对系统技术指标没有大影响。定阻式输出方式适用于范围相对较小且用户变动小的场所。在这种方式下，线路比较简单、系统的声学技术指标较好。但是，用户的数量有大的增减时，对系统的技术指标有一定的影响。

对于音响广播系统中的功率放大器，是一个比较重要的器件。为了保证整个系统的可靠性和安全性，功率放大器也应按照系统的要求划分成若干单元。对于较重要的单元应该设立备用单元，备用的数量和备用的对象要根据重要的程度来确定。备用的方式也可以针对备用的对象性质不同采用"一用一备"或"几用一备"的形式。值得注意的是备用的功放单元数量的确定是取决于多种因素（如经济性、占用面积等），因此要考虑多方面条件才能准确地选择。

备用功率放大器的投入有两种方式，手动投入和自动投入。一般的系统采用手动投入方式，用于重要的系统应考虑自动投入方式。但采用了自动投入时，备用的单元必须是热备用状态。

3. 扬声器

扬声器的选择主要是考虑能满足播放效果，听的清晰准确即可。在考虑灵敏度、频响和指向性等指标下，确定扬声器的功率。

三、音响广播网络和控制室

1. 音响广播网络

音响广播网络的组成一般采用单环路式，当线路较长时采用双环路式。回路的划分要根据用户的类型、播音的控制、功率放大器的回路、线路等确定。当火灾事故广播和一般性广播共用时回路的划分必须遵照前者的规定。

线路采用两线制，不同回路应采用不同颜色的绝缘导线加以区别。回路较多时，采用对扭绞合电缆；回路较少时，采用铜芯绞合导线穿管或穿线槽敷设。线路的截面要求，应满足衰减的规定。在有线广播系统中，从功率放大器至线路最远端用户扬声器的线路衰减，应满足业务性广播系统不应大于 2dB（1000Hz 时）；服务性广播系统不应大于 1dB（1000Hz 时）。

采用定压式输出的馈电线路，输出电压值宜采用 70V 或 100V。采用定阻式输出的馈电线路，应满足下列规定：

（1）用户负载应与功率放大器额定功率匹配。

（2）功率放大器输出阻抗应与负载阻抗匹配。

（3）对于空闲分路或剩余功率应配接阻抗相等的假负载，假负载的功率应不小于所替代负载功率的 1.3 倍。

（4）阻抗输出的广播系统馈电线路的阻抗，应限制在功率放大器额定输出阻抗的允许偏差值范围内。

2. 控制室

控制室设置应按照建筑的功能考虑，办公楼类建筑、旅馆类建筑、航空港等尽量和其他控制室合用，如和电视播放系统的控制室、消防值班室、调度室等。控制室内的设备布置要求，同音响扩声系统的控制室。

供电电源电压偏移值不宜大于－10％～＋10％。当电压偏移不能满足要求时，应装设自动稳压装置。电源的容量为设备容量的 1.5～2 倍。另外，由一路交流电源供电的工程，电源可以由照明配电箱的专用回路供电，如果功率放大器的容量在 250W 级以上时，应在广播控制室内设立电源配电箱。如果由两个交流电源供电的工程，在广播室内进行两个电源的切换，切换的方式根据负载的性质来确定。

控制室内应设置保护接地和工作接地，接地电阻值同音响扩声系统的要求。

四、多功能智能广播系统

将业务性广播、服务性广播和火灾事故性广播合用一套扩声系统，用控制装置来完成各个功能的自行转换，这类系统称为多功能智能广播系统。这类系统根据其控制装置的功能不同有许多种类，但是原理基本相同。

五、无线广播网（校园广播网）

校园广播作为学校信息传播的一种工具，经历了几十年的历史，随着科学技术的发展，从电子管到集成电路，从留声机到CD，经过了数次革命，但其设备技术水平及档次参差不齐，基本上是以定压功放加终端音箱或高音喇叭、单路音频信号传输方式进行工作的，在实际使用及工作中存在着不少缺点。随着近年来无线调频技术在校园广播中的应用不断成熟，其相对于传统的广播方式有着无可比拟的优势，其功能也不断完善，已逐渐取代传统的广播方式而成为当前校园广播的主要实现方式。

根据无线调频校园广播的特点，结合校园广播现状与发展方向，应用微电脑锁相、数码纠错、闪速存贮、遥控编码、VB软件编程等先进技术，建设一套具有当前技术领先的全数字智能校园广播系统。数字化智能广播系统以其"优质、经济、稳定、实用"等特点，成为外语听力考试、训练与校园广播为一体的新一代智能校园广播系统的最佳解决方案。

1. 系统特点

系统采用当前最先进的调频广播方式，全固态发射机采用最新技术，具有微电脑PLL锁相技术，确保无频率漂移现象；遥控音箱开关机准确可靠；可针对不同区域实现分区控制；保证无线指标严格符合国家无线电管理委员会颁布的相关要求标准。系统设计科学可靠，系统将保证无线频率的独立性，不会与其他校园内外的无线电波源发生相互干扰现象，遥控音箱接收频点灵活可调，同时保证音箱不会发生干扰现象。此外，系统保证可维护性强，具有充分的可扩展性。目前只是学校考虑室外的广播功能，以后如果需要室内广播，通过在室内再安装遥控音箱即可非常方便地实现室内的广播功能。由于系统采用无线调频广播方式，省去了大量的布线系统，所以也就消除了作为广播系统中最可能发生问题的线路故障所引发的广播系统非正常失效的现象，同时设备采用最新芯片技术，大大提高了系统的稳定性和可靠性。

2. 系统方案

(1) 系统整体规划：系统整体规划为"音源数字化、播放自动化、管理智能化、扩展自由化"的可寻址校园广播系统，调频多频复用技术，无线调频传输多路校园广播节目。

(2) 前端及信号源部分：前端由多路数字节目播放软件及数字节目源（可与主控计算机兼用）、模拟节目源（VCD、录音卡座、收音头）、可寻址编码控制主机（含软件）、音频矩阵切换器、音频工作站、广播控制柜等组成。

(3) 传输方式：无线传输方式，采用调频广播发射进行无线传输。

(4) 终端接收设备及收听方式：教室采用FM30-5W3F室内调频音箱收听，校园直接用可寻址室外调频音箱（调频防雨音柱）收听，或采用接收扩音机接收，放大后音频信号定压传输。

3. 系统原理及组成

系统采用"数字播出、编码控制、调频接收"的工作方式。由全数字音频节目编辑系统（专用工控机PC及音频编辑软件）、全数字硬盘播控系统（专用工控机PC及控制软件）、全固态调频广播发射机、可寻址编码控制器、可寻址编码控制软件、可寻址编码调频音箱组成，见图4-15。

4. 系统功能介绍

(1) 自动播放功能：系统由一台工控专用PC主机作为主控计算机，并兼做数字节目源，通过系统播放和控制软件可实现手动、自动定时播放。学校可将校园歌曲、广播体

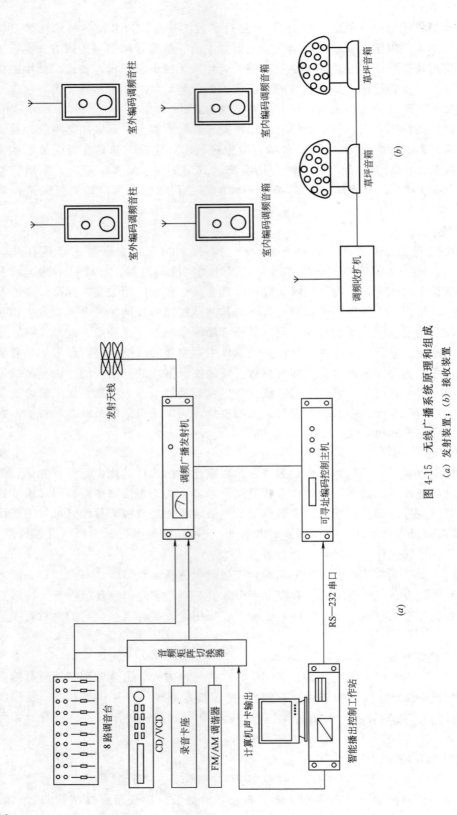

图 4-15 无线广播系统原理和组成
(a) 发射装置；(b) 接收装置

操、眼保健操等常用曲目，存储在硬盘上，实现全自动非线性播出。学校可预先设置每周一至周日播放工作列表，自动定点定时播出上下课铃声、外语节目、音乐、广播体操、校园歌曲等，无需人工干预，即可自动播放。

（2）背景音乐功能：系统内置多首歌曲及音乐，悠扬的音乐代替高达90dB刺耳单调的电铃声，上下课响起悦耳的音乐，课间响起动人的歌声，让背景音乐自动或手动播放到指定区域，使学生不再承受噪声干扰，使校园氛围更加轻松和谐，使学生在轻松的环境中学习，既陶冶了学生的情操，又使学生接受了良好的音乐艺术的熏陶。

六、各个单元的配置

1. 节目编辑系统

采用先进的数字音频编辑工作站，配备专业级的音频采集卡，对音频信号（话筒、录音、线路信号）进行数字化，同时与MD、CD、MP3及硬盘中的各种格式的数字信号兼容，根据节目的要求编辑成完整的高质量的广播节目。编辑系统具有录制、剪辑、混播、音色调整、强度调节、节目长度压扩、音色修饰等编辑功能。

此外，节目编辑工作站可对多个年级播出不同的数字节目，同时可实现手动、自动定时播放，学校可将校园歌曲、广播体操、眼保健操等常用曲目，存储在硬盘上，实现全自动非线性播出。

2. 智能播出控制系统

播控系统可对各种外设（如录音机、CD、MD、收转机及数字音频硬盘等）进行智能化控制，可依据学院的要求对节目内容、节目长度、播出时间预先进行设置，电脑能自动管理广播的全过程，按设置的程序自动播出，确保节目的完整性、准确性、准时性，从而杜绝无故中断广播的现象。对于学院常规性的广播节目，如广播体操、音乐打铃等可全自动实现播出的无人值班。系统具有非常高的可靠性，系统传输网络中无功率匹配与电压匹配的要求，单只音箱的故障不影响系统工作，整机在没有信号的情况下自动处于关闭状态，待有启动信号或接收到开机指令后音箱自动启动，无需人员的控制。

3. 调频发射系统

根据学校校区面积和校内建筑物分布情况，可在校园内选取一栋相对较高的建筑物为信号发射点，根据校园面积的大小选定10～30W发射机，同时选定本栋建筑内一房间作为广播室，实现主校园的无盲区广播覆盖。

中心控制室的数字模拟音频信号源，播音员现场人声信号通过调音台处理切换送至调频广播发射机，经双层十字天线发射出去。校园内各广播点的音箱开关由播音员现场通过电脑进行无线遥控，实现校园分区广播。

4. 编码接收系统

高品质室外防雨音箱、音柱，15W、35W、65W高品质音柱，内置一体化高频头、高品质解码电路及PLL锁相环电路，灵敏度高，背景噪声低，音质好，频率稳定。具有遥控译码、全自动开关机、分区控制功能，铝合金箱体、喷塑，全天候防雨结构，符合部标GY-15-84《调频接收机标准》，可用于操场校园等场所广播。

5. 录播室

录播室的装修将遵循GB-8013专业录播室装修标准，实现高度的隔音功能，同时实现机房的混响。录音室的地板、墙壁与顶棚将采用严格的吸音和消除混响的材料装修,房门也采取严格的隔音措施。

第六节 同声传译系统和数字会议网络

一、同声传译系统

同声传译系统是将一种语言翻译成两种或两种以上语言的会议扩声系统。这里所说的同声是指语言在传输过程中的同步。

1. 同声传译系统的组成和原理框图

同声传译工作系统组成和原理框图见图 4-16。

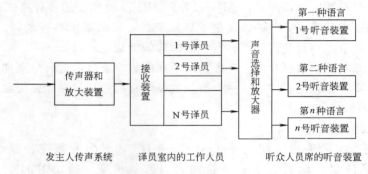

图 4-16 同声传译系统工作原理框图

(1) 发言人的原音(一个语种),通过传声器和放大装置,传输到译音室的接收装置中。

(2) 根据语种数量的要求,译员们将其译成多种语言,再经放大后输出。

(3) 听众人员席上的人员可以根据自己需要的语言,有选择的接收。这就是同声传译系统的工作原理。

2. 同声传译系统的类型和特点

(1) 有线同声传译系统

有线同声传译系统是指整个系统中的设备均用传输导线连接而成。这种系统对于使用人员位置(发言人和听音人)相对固定、传输语言的保密性有一定要求的场合比较适用。但是需要传输的线路、保护管以及插接件,所以要占用一定的使用面积和空间。

(2) 无线同声传译系统

无线同声传译系统是指整个系统中的设备没有传输导线连接,靠无线的发射和接收装置来进行信号的传输。这种系统对于使用人员(发言人和听音人)位置相对不是特别固定、对保密性要求不是很高的场合适用。发言人和听音人可以在一定的范围内进行移动,系统有一定的灵活性。由于加入了无线发射和接收装置,对辐射的功率和辐射范围以及辐射场的均匀度(直接影响声音的接收效果)都有一定的限制。

(3) 直译(一次)同声传译系统

将原声语种的语言直接翻译成其他语种的语言,这类系统称为直译或一次同声传译系统。由于原声语种的种类不止是一种,译成语言的语种也不止一种,对译员的要求较高。

如原声语种的语言是三种，译成一种语言，就需要每个译员会至少三种以上的语言。如果语言的种类多，译员的要求会更加高。

（4）间接（二次）同声传译系统。

首先将各种原声语种翻译成一种语种的语言，然后由其他译员译成多种语言。这类系统称为间接（二次）同声传译系统。这时，对译员的要求相对降低了许多，但是由于语言转换了两次，会产生翻译质量的下降。

3. 同声传译系统的技术要求

同声传译系统实质上是一个语言扩声系统，它的技术要求和其他扩声系统的技术要求是完全一样的。

经常需要将一种语言同时翻译成两种以及两种以上的语言会议厅堂，应该设置同声传译设施。同声传译系统应该设立独立的译音室，译音室的位置设立时，应考虑到译员们可以直接地看到现场的实际情况。译音室和其他房间应保证有良好的隔音设施，但是要有信号的联系功能。室内的译员之间也应该设立良好的隔音装置，使译员之间没有干扰。

二、数字会议网络

数字会议网络实际上是扩声系统的一个基本形式，它主要是对声频系统进行传输和控制。根据控制的方式以及使用对象的具体要求，一般可以分为会议讨论声频系统（简称讨论系统）、有表决功能的会议讨论声频系统、有翻译功能和有计算机控制的会议讨论声频系统。

1. 几种常见的数字会议系统

（1）普通会议讨论系统

普通会议讨论系统组成见图 4-17。

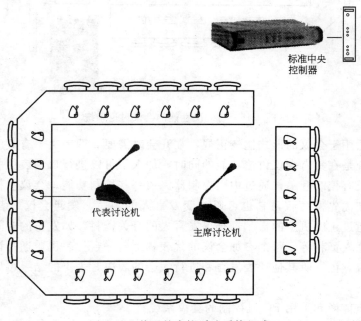

图 4-17 普通的会议讨论系统组成

这是一个比较简单的会议系统，它所完成的功能是为了会议讨论方便和有次序，由于使用的是同一种语言，不用采用翻译系统。每一个代表的座位上设置一台代表机，代表们可以通过自己的机器上的插孔连接耳机进行收听，并且用机器上的话筒进行发言。在这个系统中设立一个会议主持人专用的机器，称为主席机。主席机上人员的收听和发言与代表机是相同的，主席机与代表机不同的是在机器上设立了优先选择权机构，也就是说主席的发言时，可以中断其他代表的发言。

另外，在主席机上可以完成对代表人的发言进行预先登记和对代表的发言进行记录等功能。而这些功能的实现是靠中央控制器来完成。关于中央控制器的性能这里不作讲解了。

(2) 有表决性能的会议讨论系统

有表决性能的会议讨论系统组成见图4-18。

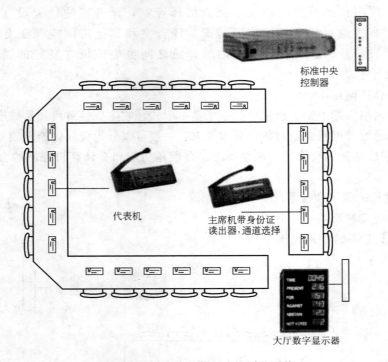

图4-18 有表决性能的会议讨论系统

这种系统适用于会议的形式比较正规，在开会时需要立即表决、有效的作出决定的会议场合。该系统是在具有会议讨论功能的同时，加入了可以进行自动表决的功能装置。会议的主席机上设有控制开关，通过中央控制器完成一些控制功能。会议主持人或主席拥有控制会议进程和优先发言权，它也可以改变发言人的顺序、发起会议或者中断会议和表决。它也可以通过主席机上的显示器查出发言人的有关资料，如发言的时间、发言人预先向大会提供的个人资料等。每个参加会议的代表各配备一台代表机，通过该机进行发言和发言请求、发言登记、听其他代表发言和进行大会的表决，表决的结果可以通过大厅的数字显示器显示。

(3) 带同声传译和采用PC机控制的会议系统

将上述两种系统加入同声传译系统或控制器采用PC机控制，这时系统就成了带同声传译和采用 PC 机控制的会议系统。

由此可见会议系统是根据使用的条件不同有着不同的类型，上述讲到的系统只是多种系统的基本系统，而这些不同形式的系统是由不同使用功能的设备而组成。

2. 组成会议系统的基本设备

（1）普通代表机

用于代表发言、请求发言、听其他代表发言等功能。普通代表机的外形见图 4-19。在代表机中配备的话筒是电容式，有指向性较强的功能。在比较嘈杂的情况下工作，不会影响发言人的声音效果。配备的扬声器是小型的，并且内置在机器里，听音是可以通过扬声器直接听也可以通过机器上的插孔插入耳机来听音。在代表机上的话筒和装入在机器内的扬声器之间采用了防干扰措施，听筒和扬声器之间用开关控制，保证不可以同时工作。另外，代表机上设有对所有工作状态的指示灯和表决按键。

（2）多功能代表机

在普通机可以完成功能的基础上，加入其他装置来实现代表机的多功能。

所谓的多功能代表机加入的其他装置有许多类型，完成的功能和加入的装置有关。现仅介绍常用有显示功能、带芯片读卡机和选择器控制器的多功能代表机，其外形如图 4-20 所示。这类代表机可以完成普通代表机完成的功能，下面将普通代表机没有的功能作以介绍。

图 4-19　普通代表机的外形　　　　　　　图 4-20　多功能代表机外形

1）芯片读卡机。它是确定代表身份和确认代表资格判定是否可以进入会议系统的控制装置。参加会议的代表们每人有一张磁卡片，同时也有一个密码，参加会议时，将卡片插入到读卡机中，输入密码待读卡机确认后，方可进入会议系统并参与会议中的各项活动。

2）选择器。它是为收听译后各种语言选择的装置。在选择器上有选择各种语言的开关，听音者根据自己的需要自行选择语言的种类。

3）控制和显示器。在多功能代表机的面板上有一个二行多字符的小型屏幕，在这上面可以显示出和会议有关的信息和相关资料，并可以通过控制器有选择的收看，如会议通知、会议时间安排等等。显示器和大厅显示器同步，代表们对表决的过程和结果可以就地收看。另外，根据会议的性质和特殊要求，对代表们预先在中央控制器内储存的公共资料和其他资料（有时是公开的个人资料发言提纲附表等）进行查阅。在多功能代表机的面板上有一些状态指示灯，代表们可以直观地查到会议的进程状态，如请求发言、话筒正在工作等。

（3）多功能的主席机

图 4-21　多功能主席机的外形

多功能的主席机除了在使用功能上和代表机大致相同外,最主要的是优先权。图 4-21 是多功能的主席机的外形。在图的右边有一个优先键,当按下该键时,每个代表机上的扬声器会发出一响声提示大家当前的状态。与此同时,正在发言的代表话筒暂时关闭,由主席控制会议。

(4) 中央控制器

中央控制器是自动控制会议的核心设备。它可以对各种发言设备(代表机、主席机、译员台、双音频接口器和多功能连接器等)进行控制,还可以对代表机和主席机的扬声器进行自动音频均衡处理,对数字音频进行控制和处理。对于控制器内置了小型计算机后,其使用功能会更加强大,如对表决结果进行数字的统计、记录、保存、预先资料的设置、密码和读卡机的验证等许多功能。

(5) 大厅显示器

参见后面的内容。

3. 大型数字会议系统的介绍

大型数字会议系统示意图见图 4-22。

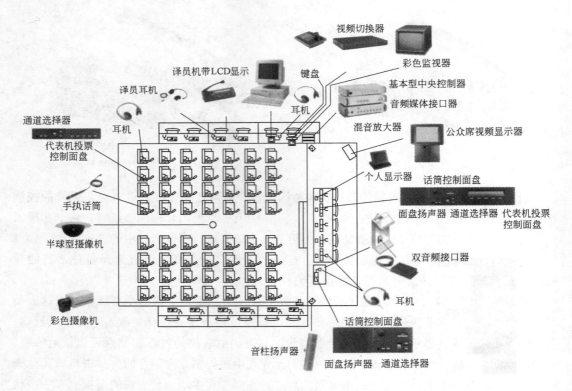

图 4-22　大型数字会议系统示意图

这是一个大型会议系统的示意图,设有主席、主席团和特邀讲演用的主席台。主席团中的每个人配备一台多功能的代表机,有五个译员进行同声传译工作,在具有 PC 机的中央控制器中进行对声频和视频的控制和管理。大屏幕显示、监控系统(摄像机、显示器和时视频且换机)特别齐全,前面讲过的基本功能该系统均可以实现。

第七节 扩声系统和音响系统的工程应用举例

一、校园广播系统

校园广播系统是一个比较简单的广播系统,它主要是完成在校园范围内公共信息的发布、广播体操和校园内自办的校园广播节目等。它是一个以接收、转播、自办节目播出的广播系统。从技术的角度来讲,它是一个以放大为主的音频系统。

1. 校园广播系统的组成原理框图

校园广播系统的组成见图 4-23。

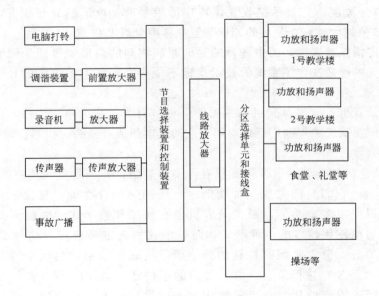

图 4-23 校园广播系统的组成框图

从图中可以看出,该系统的信号源是来自于本区域内的广播网络播出的信号、校园自办节目的录音机信号和校园广播员通过传声器播报节目的信号。同时,校园的铃声系统也可以通过该系统传输信号。对于校园的事故广播还可以通过该系统进行播出。当然,这种广播是具有优先权的。也就是说,当事故广播进行时,其他广播信号必须停止播放。

系统通过分区选择单元向各个教学楼、食堂、礼堂、操场和公共人群较多的地方进行广播。

2. 系统中主要设备的性能介绍

(1) 调谐装置。

调谐装置是为了接收当地范围内播出的广播信号的装置。它有调幅式(AM)和调频式(FM)两种形式,工作原理和一般的广播收音机完全相同。只不过与普通的广播收音机组成的基本单元不相同,即缺少了功率放大部分和扬声器部分。当然,它的技术指标要比一般广播收音机高一些。调谐装置的主要技术指标有如下内容：

1) 灵敏度。在允许混入最大限度噪声和失真的前提下，调谐装置对信号的接收能力称为调谐装置的灵敏度。灵敏度的表示方式很多，一般用输入信号的电压值来表示，常用的单位是微伏（μV），数值越小灵敏度越高。常用的调谐装置灵敏度一般在 $30\sim 50\mu V$ 左右。

2) 信噪比。调谐装置的输出信号和输出噪声的比值，单位用分贝（dB）表示，比值越大越好。常用的调谐装置信噪比一般在 50～80dB 左右。

3) 调谐失真。调谐失真是在输入信号和调制频率一定时，调谐装置输出的谐波畸变分量与原信号总量的百分比。该值越小越好。常用的调谐装置调谐失真在 0.01%～3% 之间。

4) 选择性。它是指调谐装置从可以接收到的无线电波中选择出所需要的信号的能力。选择性用所选择出来的频率信号强度和收到相邻一定间隔的其他信号强度的比值来表示，单位是分贝（dB）。常用的调谐装置选择性在 50～80dB 之间。

5) 立体声分离度。它表示接收立体声广播信号时，声道的分开程度，通常用分贝（dB）表示。该值越大越好。常用的调谐装置立体声分离度在 40dB 以上。

对于校园广播系统来说，图中选择的是调幅和调频的调谐装置即是调谐装置（AM/FM）。由于校园的性质决定了系统的技术指标不能很高，在本系统中的技术指标在中等水平。

(2) 磁带录音机。磁带录音机是常用的一种节目源，它简单、经济、使用和操作方便，在一般的广播系统中得到广泛地应用。它的基本组成有磁头、机芯、录音放大器、偏磁振荡器和喇叭等。

1) 磁带录音机的类型。磁带录音机有许多种类型，有些是单独功能的，如录音机、放音机、收录机，它们只能完成一种功能。有些则是综合性的，它集录音、放音、收音为一体，可以完成多个功能。磁带录音机也有模拟和数字式的两种形式，模拟式的磁带录音机是目前使用较多的一种形式，而数字式的磁带录音机（简称 DAT）的性能指标比模拟式的好。但它必须有自己的数字磁带的录制节目，也就是说，要用数字式的录音机（简称 DCC）进行录制。由于目前的条件还不具备，所以使用的较少，但是在不久将被广泛的得到应用。在工程应用中，通常按照录音机使用的磁带类型、声道和带盒数量来分类。

按照使用的磁带类型，录音机可以分为如下三种：

① 盘式录音机。盘式录音机通常称为开盘录音机。它使用的磁带较宽，体积较大，带速度也快，磁带的宽度在 6.25mm，带速 19.05～38.10cm/s。它的质量好、稳定性强，对于大型录音系统使用较为适合。

② 盒式录音机。盒式录音机是一种广泛使用的录音机，它标准磁带宽度是 3.81mm，带速在 4.75cm/s。另外，还有一些大型的和微型的磁带，带速和带宽不同，目前他们使用的还较少。

③ 卡式录音机。卡式录音机使用的是卡式磁带，它的特点是可以循环的走带，可以不间断地播放。这种录音机适合于广播电台等场合。

按照声道来分类，有单声道、双声道和多声道的录音机。

按照录音机上带盒的数量分类，有单盒、双盒、四盒的录音机。

虽然录音机的种类有多种，从校园的广播系统来讲最为合适的磁带录音机是普通的盒式录音机，声道可以是双声道的。如果有连续播放的要求，应该采用四盒的录音机。

还有一种称为录音座的装置（工程中称为卡座），它是一种高等级录音机。它不带功率放大器、扬声器、调谐器，不能独立工作，要其他的装置配合才能使用。对于高等级的使用场合，一般采用这样的装置。

2）磁带录音机的主要性能指标。评价磁带录音机的技术指标有许多，它包括机械指标和电声指标。在工程的应用中，常用的指标有如下几种：

① 带速误差。带速误差是指录音机的实际带速与额定带速的相对误差的百分数，一般的录音机误差在±3%以内。高级录音机在±0.2%以内，如果有5%的误差超出就失真了。

② 抖晃率。走带速度的瞬间变化，会引起已经录制好在磁带上的固定频率发生变化。这种有磁带不规则的运动引起的声音信号变化叫做抖晃。磁带上的固定频率和抖晃引起的频率偏移值之比的百分数，称为抖晃率。抖晃率越小，保真的效果越好。一般的抖晃率在±0.5%以内，高等级的应该在±0.3%以内。

③ 频率响应。录音机的录音输入端到放音输出端之间的频率响应叫做录音机的频响特性。值得注意的是有些综合性的录音机与扬声器和传声器，该指标不包括它们。

仅对于听音乐来说，录音机的频率响应在40～15000Hz之间即可。对于语言的录制，播放录音机的频率响应在120～6300Hz之间即可。

④ 谐波的失真。一般的录音机要小于5%，高等级的要小于2%，有的可达到小于1%。

⑤ 信噪比。录音机输出的信号和输出的噪声信号的比值。一般的录音机在40dB左右、高等级的录音机在55dB以上。

（3）各种放大器。

在系统中，有许多放大器，如功率放大器、前置放大器、线路放大器等。这些放大器的功能均为信号的放大，和一般的放大器一样没有特殊的问题。

（4）节目的选择和控制装置。

它是一个音频的切换装置，当选择了不同的节目源时，采用不同的配套设备。控制装置还能达到当事故产生后自动切断其他的播出节目，接通事故的广播系统。

（5）分区选择单元。

这是一个分区的线路分配装置，它将需要接收广播信号的场所接通。

二、多功能厅的音响扩声系统

所谓多功能厅的建筑，就是指它的使用功能是多种多样，如有时作为会场使用，有时作为文艺演出场所或其他的用途。但从音响扩声系统的角度来说，称为多功能厅的建筑应该具有一般会场的扩声系统功能和文艺演出的扩声系统功能。无论是前者还是后者，对声音的要求不能和一般广播系统相同了，它对声音的要求不仅仅是放大，而且要进行处理和调整，它的组成方式和设备的选择应该是以调音为目的。

1. 多功能厅音响扩声系统的组成原理框图

多功能厅音响扩声系统的组成见图4-24。

该系统主要完成的功能有下列几个部分：

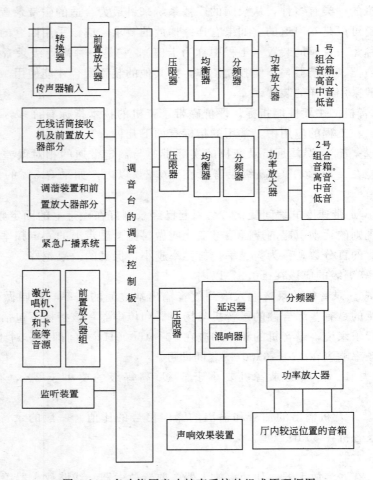

图 4-24 多功能厅音响扩声系统的组成原理框图

（1）系统可以同时接受几个固定式传声器的信号，满足现场文艺演出（演员的演唱、乐队的伴奏、伴唱等）的需要。同时，系统设有无线接收机，满足演员使用无线传声器的需要。

（2）系统的自办节目源，由卡座、激光录音机、调谐装置所组成，可以接收、播放各种声音信号，满足高等级声音信号产生的需要。

（3）系统选择了一个比较完善的调音设备，可以完成对声音信号进行调整、处理和分配等功能。

（4）系统的扬声器是组合式的，由高音、中音和低音部分所组成，并且分别设置在舞台上的左右两侧和厅内较远的后排座位的地方。保证全场内的声音有一定的覆盖面积和声场中的每一个地方均能获得同等的声音效果。

2. 系统中主要设备的类型和性能指标

（1）激光唱机（CD）。

作为多功能厅在音源使用和选择时，其要求要比一般的广播系统对声音的质量要求高。这时，激光唱机则是必不可少的首选设备。激光唱机是一个数字化技术应用的音响产品，它由唱片和唱机两个部分组成。它的声学技术指标、机械指标都是比较好的。它的信噪比可以达到 90dB，有些甚至可达到 130dB。动态的范围大，失真小，一般可达到 0.001%～0.01%。由于采用的唱片（碟片）抖晃率低、稳定性高，各种机械指标都比磁带录音机好。另外，由于采用的数字化技术，它的控制和操作具有一定的先进性和方便性，如可以编程控制，实现多片连放、预置节目、选择播放等。根据其使用的性能指标数值，激光唱机分为三个等级，由高到低排列为：A 级、B 级、C 级。该系统使用的是 B 级。

（2）前置放大器和功率放大器。

前置放大器和功率放大器都是音频放大装置。前者是将各种信号源传来的和其他的微弱信号进行电压值的放大；后者是将音频信号进行功率放大，以便推动扬声器工作。一个是在音响系统的前面和音源等设备连接；一个是和扬声器连接即系统之后。

有些前置放大器在对信号进行放大的过程中，还可以进行对信号的切换、处理等，从而提高了声音的质量，使系统的音色、音质等指标有改善，起到了调音台的作用。对于小型的音响系统，如果对声音的质量要求的不是很高，则完全可以替代调音台来使用。在本系统中的前置放大器只是进行信号的放大，调音部分由调音台进行完成。

由于前置放大器和功率放大器都是音频放大装置，它们的主要技术指标有相同的内容，由于使用的位置不同，它们的主要技术指标又有不同的内容。

相同的技术指标有：

1）频率响应。频率响应是指放大器的工作频率范围。前置放大器频率响应在 20Hz～20kHz，一般的功率放大器频率响应在 20Hz～20kHz，专业用的功率放大器在 0～80kHz。功率放大器频率响应分为幅频和相频响应两种，这里指的是幅频响应。

2）调谐失真。调谐失真是指放大器输出信号中，所包含的由放大器自身产生的畸形谐波有效值和基波的有效值的比值的百分数。很显然该值越小失真越小。

前置放大器的调谐失真在 0.05%～0.5% 以下，功率放大器在 0.05%～0.1% 以下。

3）信噪比。放大器输出的电平信号和输出端各种噪声电平的比值。用分贝（dB）表示。

该值越大越好。目前放大器的信噪比可达到 90～100 分贝（dB）左右。

对于功率放大器来说，由于要和扬声器配合就有着和前置放大器不同的特殊指标，即输出功率、输出阻抗和阻尼系数等三项。

1）输出功率。关于输出功率有多种表示方式，目前常用的有最大输出功率和额定功率两种。

① 额定输出功率。额定输出功率是指在一定的谐波失真指标内，功率放大器输出的最大功率。对于功率放大器来说，所标定的额定功率是指在给其输入连续 1kHz 的正弦波信号时，测量出其等效电阻上的电压有效值，然后根据欧姆定律将其典型的有效值的平方值除以等效电阻得到的功率称为额定功率。有时也称为不失真功率。

② 最大输出功率。最大输出功率是指在不考虑失真的情况下，功率放大器输出的最大功率。它表示了当扩声系统突然出现一个相当大的瞬时功率时，功率放大器承受的

能力。

2) 输出阻抗。功率放大器对扬声器所呈现的阻抗值。它是功率放大器和扬声器组成的一个重要的指标。

3) 阻尼系数。阻尼系数是指功率放大器对扬声器电阻尼的程度。该系数定义为：扬声器的阻抗与功率放大器输出阻抗的比值。阻尼系数用来表示对声音的保真程度，该值的过大或过小都会对声音的质量造成影响。阻尼系数一般在 10~100 之间，有些专业的功率放大器可以达到 400 甚至更高。

(3) 调音设备。

调音设备系统包括均衡器、压限器、分频器、延时器和混响器。

1) 均衡器的类型和技术指标。均衡器是一个校正频率特性的声音调整单元，通过对声音频率的增加和减少，达到保证声音特色的效果，同时可以抑制声音的反馈。

均衡器常用的外形是一个台板，在板上设有若干排推拉式的电位器。操作人员通过推拉电位器，达到声音频率的调整。

它按照频率的范围可以划分为多个频率段，段数是衡量均衡器的一个指标，目前有 27~32 段等多种。显然段数越多调整的越精确。每一个段内中心频率范围的划分是按照倍频程式划分的，所谓的倍频程式是指相邻频段内的中心频率相差倍数，如 1/2 倍频程式的九段均衡器，其中心频率分别为 63、125、250、500、1000、2000、4000、8000 和 16000Hz，还有 1/3 倍频程式等。倍频程式也是均衡器的一个重要指标。

均衡器的技术指标中倍频程式和频率的段数为特定指标，通用的指标如频率响应、调谐失真、信噪比等定义和其他的声音处理设备相同，指标的范围有些不同，使用时要引起注意。

上述所讲的均衡器是一中心频率为固定频率，仅对频率进行调整，称这种均衡器为图示均衡器。还有一种均衡器，它不仅对声音频率进行调整，还对声音的幅值和声音的频带宽度进行调整。这种调整会对声音信号产生更好的效果，对抑制干扰、产生特效的声音非常有利，这种均衡器为参数均衡器。

2) 压限器的主要技术指标。压限器是限制器和压缩器的统称。它的作用是压缩和限制信号的动态范围、防止信号的失真、降低噪声和产生特殊的声音效果。

① 限制门电平（包括限制器和压缩器）。它是指限制器限制电平的值。通常限制电平是一个范围，即上限制和下限值，这个电平可以根据需要进行调整和设置。一般限制器的电平值在 -40~$+10$dB 之间。

② 压缩比。输入信号电平和输出电平的比值。如压缩比是 2:1，则超出门限的输入电平值，每增加 2dB，而输出电平增加 1dB。压缩比的下限由 1.4:1 到没有上限。

③ 压缩启动时间和恢复时间。在压限器中，当输入电平增加时期增益要下降，下降的时间称为压缩启动时间；当输入电平减少时，增益要恢复，恢复的时间称为恢复时间。这些时间是可以调整的，通过调整可以对声音信号产生一种特殊的效果。压缩启动时间为 0.2~20ms，恢复时间在 50ms~2s 之间。

3) 延迟器和混响器的类型和技术指标。延迟器和混响器都是产生特殊声音的效果装置，称为效果器。前者的作用是将声音的信号延时一段时间后再传输出去。后者是将多路的信号延时一段时间再经过一定的衰减反馈到输入端。从某种角度上说都属于信号时间的延时装置，所以在使用中两个单元同时被采用。混合器和延迟器的不同点在于混合器内设置一个精密的压控振荡器，并且其振荡频率由一个低频振荡器控制。调整振荡器的宽度和速度的同时，就产生了一个合声效果及其特殊的声音效果。振荡器的频率在 0.1～10Hz。

它们的一般技术参数和其他设备是相同的，其特殊的技术指标有：
① 延迟时间：一般在 0.25～1024ms；
② 调制的范围：宽度 0～160ms，速度频率范围在 0.1～10Hz。

4) 低频振荡器的波形的有关参数。该系统采用的延迟器是为了室内每个位置上获得的声音信号是相同的，将距离较长位置的座位处，声音的信号的时间变短，较近距离位置的座位处声音的信号时间变长。这样，每个座位处获得的声音信号都是相同的。混响器是为了加强声音的特殊效果，为专业演出服务。

关于分频器、扬声器等均无特殊指标，请参见前面的有关内容。

三、背景音乐和事故广播系统

图 4-25 是背景音乐和事故广播系统原理框图。

这是一个完成两种功能的扩声系统，在平时，系统完成的是一般的音乐播放和服务性广播，系统工作原理没有任何的特殊性。在出现事故时，系统作为应急广播使用，以保证人们的安全。两种功能的切换是靠应急广播切换器来实现。应急广播切换器的工作原理应符合应急广播的具体要求，这方面的内容属于电气消防的范畴。

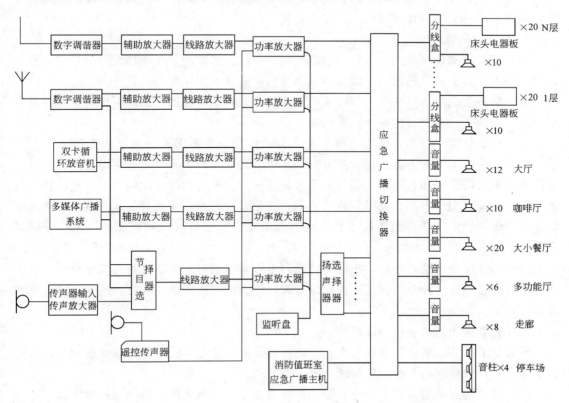

图 4-25 背景音乐和事故广播系统原理框图

第八节 卡拉 OK 和歌舞厅的音像系统

一、普通卡拉 OK 系统

所谓卡拉 OK 系统就是不用专业的乐队伴奏，采用制成的音乐伴奏磁带或其他形式的音源作为伴奏音乐，通过卡拉 OK 专用的机器进行演唱的系统。

1. 卡拉 OK 系统的组成原理框图

卡拉 OK 系统的组成原理图见图 4-26。

图 4-26　卡拉 OK 系统的组成原理框图

卡拉 OK 系统是由若干个传声器、功率放大器、音箱和卡拉 OK 机（图 4-26 中虚框的部分为卡拉 OK 机）所组成。组成该系统的所有部分工作原理和前面讲的完全相同，可见该系统就是一个扩声音响系统，其原理也相同。

2. 系统的功能

（1）声音的混合与混响：系统中的混合器可以完成将歌声信号和伴奏声信号混合在一起进行输出，为了使单调的歌声变得丰满和动听，系统采用了混响装置。

（2）歌声的消除：有些节目源的歌声和音乐声是共同存在的，系统可以将歌手的歌声消除掉，只留下伴奏声，这种功能称为歌声的消除。

（3）自动伴奏、轮唱功能和合唱功能：自动伴奏是指不需要任何形式音源的伴奏音乐，由系统中的节奏发生器根据歌声节奏和旋律的变化而产生有节奏的伴奏音乐。实现了无伴奏音乐带的自唱和自奏，达到了自娱自乐。这种具有自动伴奏功能的卡拉 OK 机，又称为卡拉 OK 自动伴唱机。轮唱是指当演唱者忘记歌词不能演唱而停止演唱时，卡拉 OK 机会自动将原唱的声音自动播放出来。合唱功能是指演唱者可以和声源的原演唱者同时演唱。

（4）自动评分：这是一种趣味性的功能，可以是演唱者的演唱进行自动评分并显示出来。值得注意的是这种分数只是一种娱乐形式，评分的标准和条件和真正的音乐评分标准是不一样的。

二、有音像功能的卡拉 OK 系统

普通的卡拉 OK 系统只有声音没有影像，将普通卡拉 OK 机用视听放大器代替，系统就变成了有音像功能的卡拉 OK 系统（图 4-27）。

该系统的特点是加入了视听放大器，视听放大器又名 AV 放大器。其他功能和普通的系统相同。

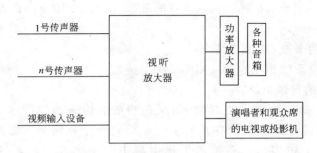

图 4-27　有音像功能的卡拉 OK 系统

1. 视听放大器的原理和组成框图

视听放大器的原理及组成框图见图 4-28。

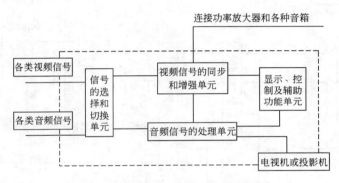

图 4-28　视听放大器的原理和组成框图

从上图可以看出视听放大器是由信号的选择和切换单元信号、视频信号的同步和增强单元、音频信号的处理单元和显示、控制及辅助功能单元所组成。各个单元的工作原理如下：

（1）信号的选择和切换单元：信号的选择和切换单元作用是将输入到放大器中的不同类型的音频信号和视频信号进行编辑、混合和切换选择。

（2）视频信号的同步和增强单元：将音频信号和视频信号进行同步处理，并且对视频信号进行保真。

（3）音频信号的处理单元：它是视听放大器的核心部分。各个生产厂家都是依靠该环节作为产品的立足之本，不同类型的视听放大器有着不同的特点。但是无论怎样，视听放大器是一个声音处理得当单元，许多种特殊的声音效果是由它产生的。

（4）控制、显示和辅助功能单元：它是实现对视听放大器各种功能的遥控并对工作状态进行显示，直观地观察到放大器的状态。

（5）辅助功能单元：根据需要进行设置。

2. 视听放大器的主要技术参数

（1）输入信号的形式和数量：视听放大器的输入信号的形式有音频信号、视频信号和射频信号，每个输入的端子数量可以有若干个。

（2）输出声道数量和额定输出功率：输出的声道可以分为主声道、前置声道、中置声道和后置声道几种。每个声道有自己的额定输出功率。

（3）其他声音处理技术指标：包括声音的处理、调谐、环绕声音效果的数量等指标，和以前讲述的完全一样。

三、带调音台的卡拉 OK 音像系统

这类系统是在有影像功能的卡拉 OK 系统的基础之上加入调音台而成。

四、KTV 包房的音像系统

图 4-29 是一个典型的集中控制的 KTV 包房的音像系统的原理框图。在这个系统中，将若干套音源设备集中设置在控制室内，将若干个视听放大器或卡拉 OK 机和扬声器分别设置在各个包房内。系统的工作由集中控制室来完成，各个包房通过点歌装置和控制室取得联系，以获得需要演唱的曲目。系统除了有点歌装置外和其他上

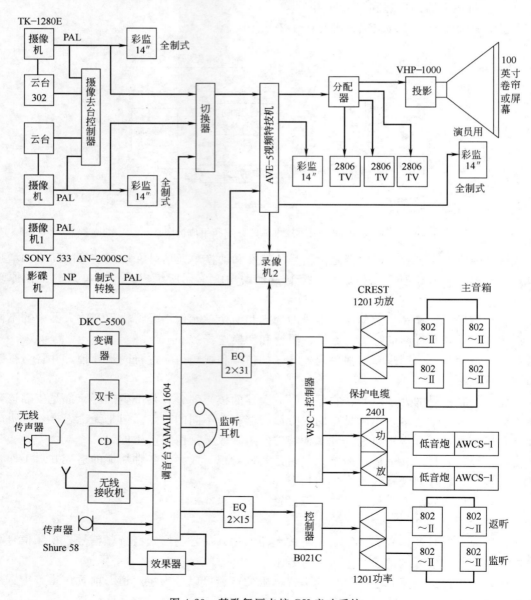

图 4-29　某歌舞厅卡接 OK 音响系统

述的系统相同。

一般的点歌装置是由控制部分和显示部分所组成。控制部分设置在包房内供点歌人员使用，显示部分设置在控制室内以供给管理人员使用。点歌人员在控制器上输入歌曲的代码并通过线路输入到控制室内，点歌装置的显示部分显示出代码信号后，将所需的歌曲声源装入到播放装置中进行播放。

目前，随着技术的发展，电脑点歌器是使用最为广泛的装置。它可以将许多歌曲储存在内部，使点歌的速度加快。还有优先点歌选择、多曲显示、遥控等强大的功能。

本 章 小 结

本章主要目的是为了熟悉各种类型的音响广播系统组成形式和工作原理，了解系统可以完成的功能和达到的技术指标，并对系统中主要设备的类型、工作原理以及设备在系统中所起到的作用，特别是对设备技术指标所代表的含义加以深刻理解。

音源设备（传声器、磁带唱机、激光唱机、卡座等）是扩声系统的根源，它的技术指标如何对系统声音效果有着一定的影响。在满足使用条件和使用环境要求的同时，音源设备选择时技术指标尽量高一些。声音处理设备和调音台是整个扩声系统的核心，声音处理设备和调音台中的工作单元越多、其功能越强大、对声音的处理越好，控制就越复杂，经济指标就越高。要根据使用对象综合考虑技术指标和经济指标的关系是选择声音处理设备和调音台的关键。扬声器是扩声系统产生声音的最终装置，但它不是声场中产生声音效果的惟一因素，声场中人们听到的声音效果是由扬声器的直接声音和各种反射的声音综合而成。因此要保证综合的声音效果达到最佳值，就要对扬声器的型号、技术指标、扬声器的安装位置以及和室内建筑装饰材料的声学特性、室内形状的关系等统一考虑。这是一个非常复杂的问题，也是容易忽略的问题。人们对声场中的声音效果的评价，往往是仅局限在对扩声系统中设备技术指标的评价，而不注意建筑声学指标和扩声系统的声学指标的配合后的指标的评价。一味的提高扩声系统的技术指标，造成了投资加大而没有提高声音的效果。

无线广播系统就是一个音响广播系统，只是在发射和接收方面与一般的扩声系统不同。会议系统包括一种语言和多种语言的同声传译系统，它是一个声频技术、图像传输技术和控制技术的综合应用。

本章中扩声系统和音响系统的工程应用举例是理论联系实际的最好方式，一些基础的知识和基本设备的掌握要通过应用举例得到进一步地理解。

复习思考题

1. 常用的传声器有哪些类型？每种类型的特点和使用场合是什么？
2. 调音台可以完成何种功能？
3. 常用的扬声器有哪些类型？每种类型的特点和使用场合是什么？
4. 扩声系统有哪些主要技术指标？
5. 语言的清晰度的定义是什么？清晰度的指标达到的值为多少时称为满意、良好、容易造成听觉疲劳和很难听清楚？
6. 扩声系统根据何种原则进行设计？扩声系统的设计问题根本上是要解决哪些问题？
7. 扩声系统对质量有哪些具体要求？
8. 扬声器的功率放大器电功率如何确定？
9. 功率放大器的功率馈送方式有哪两种？每种有何特点？
10. 音响广播系统有哪些主要类型？
11. 同声传译系统的定义是什么？工作原理和组成框图是怎样的？
12. 简述校园广播系统的组成原理并绘制出框图。

13. 简述多功能厅音响扩声系统的组成原理并绘制出框图。
14. 简述均衡器、压限器、分频器、延时器和混响器作用以及它们的主要技术指标。
15. 简单设计一个小型的卡拉 OK 系统的原理框图，并叙述其使用功能。
16. 对本校的校园广播系统进行调查了解，绘制出原理框图，并说明系统中的设备功能和主要技术指标。

第五章 其他弱电系统

第一节 声像节目制作和电化教学系统

在现代建筑中，对于大型生活居住区的人们，为了提高他们的生活质量和满足对业余文化的需求，以及满足学校类建筑和其他类建筑的特定要求，在某些场所内要设置声像节目制作和电化教学系统。如三级及以上旅馆建筑、电视中心、区域性科技中心、文化中心、教学中心、培训中心和各类大专院校等。但设置了这种系统后，其播放时要特别注意的是，这种系统绝不可以影响各级政府、广播电视及相关部门所设置的台、站等播放的要求。

一、声像节目制作与电化教学系统的组成

声像节目制作系统主要由节目制作系统、节目播放系统、节目接收系统和节目传输系统所组成。

1. 节目制作系统

节目制作系统包括节目制作的种类、节目制作系统和节目制作场所三个部分。

节目制作的种类包括影像节目的制作，如幻灯片、投影等；音响节目的制作，如录音带、CD等；视频节目制作，如录像带、VCD等。

节目制作的系统包括在演播室制作的节目编辑、复制、电视录像和广播节目的录制及在现场制作的节目字幕输入、录音带录制编辑等。

节目制作的场所包括演播室、录像室、录音室、编辑室和各种音响节目的制作室、电子计算机制作中心等。

图 5-1 是一个电化教学节目制作系统。在虚线的左边是演播室，右边是制作系统。

在演播室内设有各种型号的传声器和可以拍摄不同角度的彩色摄像机，将现场的声像信号准确地收集到并传输到制作系统中。为了现场可以直接看到和听到现场的声音和图像效果，现场有时设置扬声器和图像监视器。为了满足摄像的条件要求以及声音信号的传输要求，还要有较好的灯光条件和建筑声学条件。

在制作系统中，为了使节目的效果更加完美，还要加入了各种各样的系统和技术措施。

（1）对图像节目进行字幕配置时，要加入字幕输入系统。字幕系统中可以根据图像的要求进行字体、字号以及字和图像相对位置的设计确定。为保证图像和字幕的统一性，也就是说同步，就要加入同步器、合成器等设备以及其他的技术措施。

（2）对不同角度的彩色摄像机摄取的不同图像，进行选择、剪接时，要加入摄像机控制装置。另外，摄像机和控制器连接时也需要连接器，为保证信号的输出和输入有良好的配合，就要加入连接器和摄像机的接合器等。

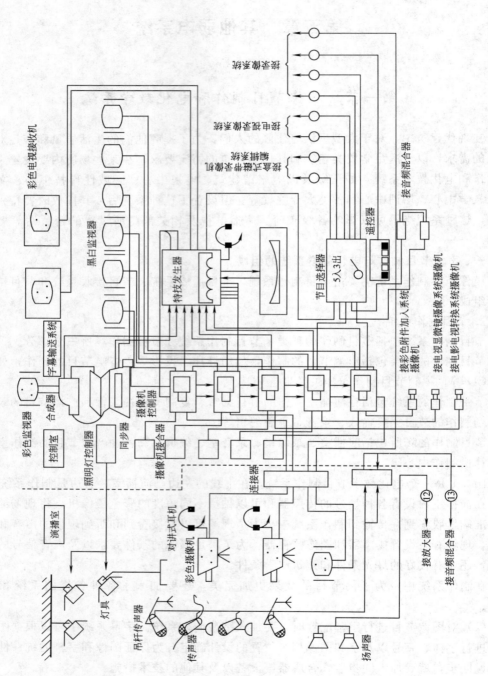

图 5-1 某校电化教学节目制作系统

（3）对于现场的声音信号处理时，要加入扩声系统。当然，这类的扩声系统不是特别复杂，如音频混合、放大、混响等手段可以根据实际的要求进行取舍。同时，也要和扬声器、传声器、功率放大器等设备有效的进行配合，才能达到预期的效果。

（4）对于有些在图像上有特殊要求的场合，如电视显微镜摄像系统的摄像机、电影电视转换系统的摄像机、彩色附件加入系统的摄像机等，在制作系统中都可以加入的接口使这些系统可以和该系统统一协调的完成图像的处理。另外，有些图像和声音信号在处理时，为了突出重点，采用某些超常的手段和措施，这些功能的完成有特效发生器担当。不同形式的特效发生器会产生不同的效果，这些内容可以根据实际情况确定。

（5）在系统中还设有图像的监视器、声音的监听器、黑白监视器、彩色监视器、耳机。这些设备操作的控制可以通过遥控器进行。

（6）对于节目输出可以由节目选择器来控制，节目的选择器有许多种型号，其中一个重要的指标是输入和输出的数量。图5-1中的5入和3出就是指输入和输出的数量分别是5和3。在节目选择器上的输出端口有几种信号的类型供各种系统使用时选择，如为盒式磁带录像机的编辑系统的端口、电视录像系统的端口和接录像系统的端口。

2. 节目播放系统

节目播放系统从播放形式上可以分为：直接播放方式和间接播放方式（录播方式）。直播方式是将演播室摄取的图像和声音信号经过传输系统直接的播放。录播方式是将预先制成的图像和声音信号经过传输系统进行播放。

图5-2是一个简单的电化教学节目播放系统。

在这个系统中，采用两种方式进行播出，一种是射频播出，另一种是视频播出。在射频播出方式中，可以同时播出多套电视节目，如中央电视台的教育频道、中央广播电视大学的讲课节目等。这种播出的方式如同前面所讲的电视系统原理完全相同，接收系统也同电视系统一样，在这里就不作介绍了。在视频播出方式中，仅播出一套电视节目，这个节目可以来自于教学现场的信号，也可以来自于语音或声像节目制作中心。所有的节目可以通过节目选择器进行选择播出，同时也可以通过监视系统监听和监看。节目选择器的类型有许多种，每种形式的区别是以输入和输出的路数进行的。图中是五路信号输入四路信号输出的节目选择器。如果采用录播方式，可将声音型号和图像信号预先在录音、录像的编辑室进行编辑。然后在系统中播出。图5-3是某个录音编辑系统的示意图。

3. 节目的接收系统和传输系统

教材节目接收系统的主要场所是视听教室、教材节目接收分为视频接收系统、射频接收系统和视频、射频混合接收系统。所谓的射频接收系统的原理和公共电视系统基本相同，所采用的电视机没有特殊的要求。视频接收系统是在主电视机后面连接若干个电视机，电视机可以有两种功能即监视器和电视接收机的功能。而混合接收系统是一种同时具备射频和视频两种功能的系统。

节目的传输系统和节目的接收系统一样也分为射频传输和视频传输两种方式。射频传输是指将摄像机摄取的信号或由录像机播放的图像和音频信号通过调解后再与共用天线电视信号混合，用一条传输线路（同轴电缆等）进行图像和音频信号的传输。这种传输方式的原理和共用电视天线系统完全一样，具体请见共用电视天线部分内容。视频传输是指将摄像机摄取的信号或由录像机播放的图像和音频信号分别用同轴电缆和音频电缆接至监视

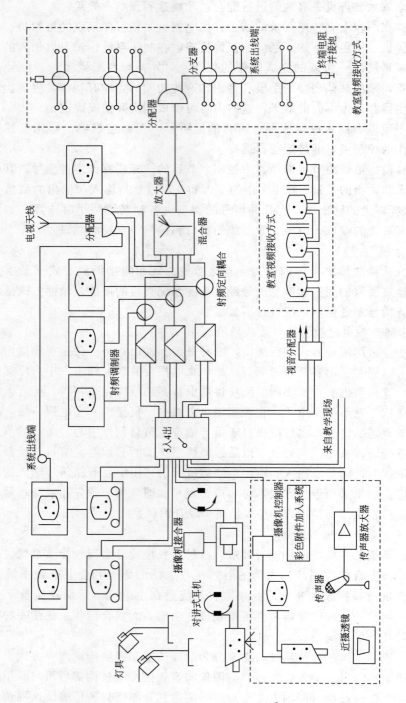

图 5-2 电化教学节目播放系统

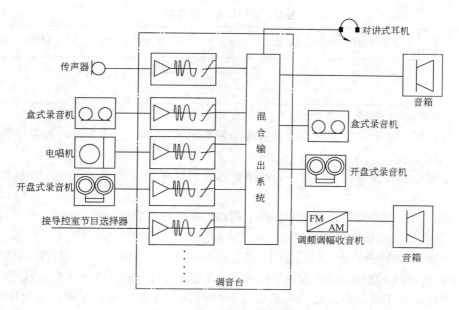

图 5-3 录音编辑系统的示意图

器,串接方式传输。

二、声像节目制作与电化教学系统的分类和技术指标

1. 分类

声像节目制作与电化教学系统类别的划分涉及到许多因素,它和国家的经济、技术政策有关,也和行政级别或单位的级别有关。对于具体工程来说,由于各个建设单位具有的资金能力不一致,对于所建设的项目质量要求也不一样。要想制定出一个比较通用的规定来划分声像节目制作与电化教学系统分类的标准比较难。通常情况下,是以工程的重要程度以及对节目的质量水平要求的等级作为划分的标准。在这个前提下,将系统化分为三类。各种系统可以按照下列原则确定分类:

(1) 参与省(部)级以及以上台(站)之间节目交流的宜定为一类,宜由高级业务级彩色电视设备组成。

(2) 参与地、市级以及大专院校台(馆)之间节目交流的宜定为二类,宜由业务级彩色电视设备组成。

(3) 自制自用或仅参与地方或本行业节目交流的宜定为三类,宜由普及级彩色电视设备组成。

2. 系统的技术要求

系统的技术要求,包括各类系统中设备配置的要求、设备自身技术参数的要求以及设备之间连接配合的要求、系统传输方式的要求和监听、监视的要求等。

(1) 各类系统中设备的配置应按表 5-1 进行。

(2) 各种设备及系统应满足的条件。

1) 以视频方式组成的系统和设备系统的工作制式为 PL/D 制,工作频带宽在 0~6MHz。

各类系统中设备的配置表　　　　　　　表 5-1

分类	演(录)播控制	站外采制	影视转换	编辑加工	复制	储存	收转播放	幻灯动画	布景道具	计划编审
1	*	*	*	*	*	*	*	*	*	*
2	*	*	*	*	*	*	*			*
3	*			*	*	*	*			*

注：*表示该系统所要设置的内容。

2) 以音频方式组成的系统和设备系统的频响不劣于 40~15000Hz，其幅频特性不大于 -2~+2dB。

3) 系统中的设备制式必须统一，技术指标及机间配接必须满足信号质量和功率电平的要求。

4) 设备和系统必须符合国家和广播电视部颁布实施的有关标准及规范。

(3) 各类系统对传输方式要求。

为了使中继线路的长度达到最佳值，避免信号在传输过程中的放大、均衡、远距离供电及各种干扰造成对系统的影响。在通常情况下，系统的传输方式可以按照下列原则来确定：

1) 系统内各个设备单元之间或设备单元内的各个设备之间的视频、音频传输通道，首选以有线方式进行传输。

2) 在一类系统中如果具备一定的条件，应采用数字化传输方式。当然，这时的系统一定是数字化设备所组成的。

3) 各个台、站之间有节目交换网络且传输距离大于 2 公里时，宜采用光缆进行传输。

(4) 系统监视和信号。

为了保证逐级传输信号的质量，及时发现出现的问题并且使问题得到及时地解决，需要在系统中的有些位置设置对信号的质量进行监听和监视并设有信号的联络系统。

三、系统中的设备及其布置和线路敷设

1. 各类系统中的设备种类和数量的确定

对于各类系统中的设备种类和数量的确定，国家和广播电影电视部有着相关的规定和标准。这部分内容可以参见有关设计手册中的相关条款。

但是，对于系统中的一些主要设备在选择时，宜满足下列要求：

(1) 在演播室内的摄像机宜采用高清晰度、高灵敏度的产品。摄像机的支架采用落地式，可以任意移动式的。

(2) 各种进行特技处理的特技键控制设备以及内外同步信号设备，必须满足节目制作系统使用功能上的要求，同时也必须和系统整个技术指标的要求相符及匹配。

(3) 对于加工、编辑类的设备，各类系统的要求是不同的。一类系统宜采用带有形象创作功能的自动设备；一类音频系统和二类视频系统宜采用自动设备；一类、三类音频系统和三类视频系统宜采用通用设备。

(4) 监视和监听设备应采用高清晰度、高保真的设备，视频不能低于 400 线，音频动态的储备系数不能低于 10。

(5) 复制设备宜采用同类型的不同规格的产品，这样可以方便的组成复制的机群系统。

(6) 分配和切换设备要选择损耗小、噪声低的产品。

2. 线路的敷设

线路的敷设主要考虑的是如何保证系统中的各个设备之间信号传输时，信号的质量和抗干扰性等技术指标达到最佳值。这种连线分为设备之间的连线和设备单元内部的连线两种形式，但无论是哪种形式，对于视频和音频的信号传输线是不允许采用芯线直接铰接的方式连接的。一般情况下，所有设备之间的连接是采用接插件或者是专用的连接器来进行连接。

在连接电缆或导线的选择时，必须考虑系统的设备配接平衡、非平衡、传输指标以及特性阻抗的要求，同时也考虑到线路的防干扰能力、防机械损伤等敷设条件。

线路的敷设方式应按照线路的性质、传输参量的不同分类处理，不可以混杂以防止窜扰现象的产生。

对于各个单元机房之间及内部连接线，宜符合下列要求：

（1）视频、音频信号的传输线应采用专用的屏蔽线或屏蔽电缆。

（2）不同类型的线路应该分类集束，然后分别敷设于地下暗设或地面、墙上明敷的分格线槽内。

（3）电源、联络信号及音频功率馈线等线路宜单独穿金属管或金属线槽内分格敷设。

（4）分散设置的单元间或单元内数量很少的机间线路，宜穿金属管暗敷设，或在分格金属线槽内敷设。线槽可在墙上部或在顶棚内敷设。

（5）所有的布线应该均匀整齐排列线序，并在线路的两端分别标记线芯的编号。

四、声像节目制作的机房

（一）机房在建筑物中的位置以及对其他专业的要求

1. 技术用房的选址与布局

（1）系统的技术用房应避开噪声、污染、腐蚀、振动和较强电磁场干扰的场所。

（2）按系统工艺流程顺序排列用房，应尽可能集中。确有困难时，可将相对独立性较强的单元分散布置于远端或相邻楼层。

（3）尽可能缩短信号传输及联系的路径，且要使相互干扰影响最小。

（4）宜靠近播放网络的负荷中心。

2. 各类节目制作系统用房的使用面积

在通常情况下，对于不同类型的系统，可以采用表 5-2 中所列的数值进行面积的估算。本表仅是为了演示而作，工程用表请见有关设计手册。

各类节目制作系统用房的使用面积参考指标（m^2） 表 5-2

各种用房名称	系统的类别			各种用房名称	系统的类别		
	一类	二类	三类		一类	二类	三类
电视演播录像室	120～200	80～120	50～80	录配音控制室	12～15	8～12	5～8
电视录像控制室	25～40	20～25	15～20	空调机配电用房	35～50	30～40	25～35
录配音播音室	20～25	15～20	10～15	其他辅助用房	100～150	80～100	50～80

3. 系统对建筑、结构、装饰、采暖通风、空调给水、排水专业的要求

在系统组成后，为更好地保证系统的技术指标不受其他外界条件的影响，对和系统相关的专业提出了一些要求。见表 5-3。

对系统中各个用房的具体要求　　　　　　　　表 5-3

项目＼用房	演播室	控制室	编辑室	复制转换室	维修间器材库	资料、成品库	其他
计算荷载(N/m²)	2500	4500	3000	3000	3200	按书库计算	2000
声学 NR 值	20/15	20	20	30	30	—	—
温度(℃)	18～28	18～28	18～28	18～28	15～30	15～25	—
相对湿度(%)	50～70	50～70	50～70	50～70	45～75	40～50	—
换气次数(次/h)	3～5	2	2	2	1	1	—
控制风速(m/s)	<1.0	1～2	1～2	1～2	1～2	—	—
风道口噪声(dB)	<25	<35	<35	<35	<35	—	—
门窗	隔音、防尘	隔音、防尘	隔音、防尘	隔音、防尘	隔音、防尘	防尘	—
顶棚、墙壁、装修	扩散声场	无光漆	无光漆	无光漆	无光漆	防尘	—
地面	簇绒地毯静电导出	防静电地板或木地板	木地板或菱苦土地面	木地板或菱苦土地面	木地板或菱苦土地面	菱苦土或水磨石	—
一般照明照度(lx)	100	75	75	75	100	50	150

（二）机房内设备的布置、供电、照明和接地

1. 设备布置

机房内的设备布置应满足操作、维护检修的方便，同时也要不浪费建筑面积的要求进行布置。国家对不同类型的设备在机房进行布置时，有着一定的要求，具体可参见有关设计手册中的内容。

2. 供电电源

系统设备有条件时宜采用 D，yn11 接线形式的变压器供电，供电的回路对于不同类型的系统有着不同的具体要求：

一类系统：演播室的照明、空调及其冲击性负荷的供电线路，自变压器低压侧母线上就要与工艺设备供电线路分开。有条件时，宜采用有不同变压器供电的备用回路。

二类系统：由所在建筑物的总电源配电箱内引出专用供电回路，并且从就近照明配电箱内引出备用供电回路。

三类系统：宜采用就进配电箱内引出专用的供电回路。

对于供电变压器的接线形式为 Y，yno 或电源系统中有可控硅调光设备时，工艺设备的总电源侧宜采用装设隔离变压器的方式。

当电源为 TN 系统时，采用 TN-S 接线方式供电，如果条件不允许时，宜采用 TN-C-S 接线方式供电。但是不可以采用 TN-C 系统的供电方式，并且配电系统的形式宜采用放射式接线方式。在每个技术用房的入口处设置设备用电的总开关，演播室的演播照明电源开关设置在控制室内，控制室内的设备开关设置在设备的控制台上。

3. 照明

机房的照明应按照有关照明的规定进行，没有特殊的要求。

4. 接地

各类系统的工作接地，应采用一点接地方式，并且采用双干线引出以保证一根断线后造成接地的失败，从而增加了工作接地的可靠性。系统要采用保护接地，就是要将机台及设备外露可导电部分和系统的保护接地线（PE）相连。对演播室要进行防静电接地。对于所处环境的电磁场干扰严重时，演播、控制和编辑室宜采用屏蔽措施。独立设置接地装置时，接地电阻值不大于 4Ω，如果采用和多种接地共同使用接地装置时，其接地电阻值不应大于 1Ω。接地装置的类型可采用人工接地或自然接地。

第二节 呼应（叫）信号系统

在现代的建筑中，特别是那些大型公共性和服务性的综合建筑，为了更加完善其使用功能，还需要设置一些功能性、服务性突出，有一定特点的弱电系统。虽然这类系统的组成不是非常复杂，而且系统的工作原理也十分简单。但是却起到了其他装置不可替代的作用，它的存在使得建筑的使用者感到更加舒适和便捷。

一、呼应信号系统及系统组成的原理

所谓呼应信号系统是指以寻找人为目的的一种声光提示装置所组成的系统。

呼应信号系统根据其信号的传输方式分为有线呼应信号系统和无线呼应信号系统两种。有线呼应信号系统根据传输线的数量又分为多线制呼应信号系统和总线制呼应信号系统。另外，根据呼应信号系统使用的对象，可以分为医院呼应信号系统、旅馆呼应信号系统、住宅和公共场合的呼应信号系统。

无论是哪一种形式的呼应信号系统，它的组成原理是相同的。图5-4是呼应信号系统组成的原理框图。

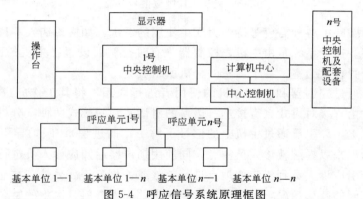

图5-4 呼应信号系统原理框图

这是一个典型的呼应信号系统的组成原理框图，系统分为控制室和现场两个部分。在控制室内，采用1号中央控制机和各个呼应单元相连接，每个呼应单元和呼应的基本单位相连接。呼叫基本单位是一个呼叫点，在这个点上设有呼叫装置。呼叫人员可以通过呼叫装置上的传声器发出要呼叫的声音或者通过装置上的按键发出呼叫指令。呼叫单元是一个为了扩大中央控制机输出回路数量而设置的分、接线装置。对于小型的呼应信号系统，如果中央控制机输出的回路数只有一个，呼应单元可以不用设置。

在中央控制机上连接了一个操作台（有些系统是设在控制台上的），在操作台上管理人员或服务人员可以方便的看到呼叫人员发出的信号并可以和呼叫人员对话。中央控制机还和显示器相连接，将呼应信号的结果和过程显示出来。显示器通常悬挂在大厅或可以方便看到的位置处，中央控制机还与计算机中心连接，将呼叫的时间、呼叫的过程、呼叫人员的代码等记录和保存起来以待查找。如果是大型的呼应系统，则要设置中心控制系统机，将1号到n号的中央控制及连接起来，形成一个大型的呼应信号系统。

二、几种常见的呼应信号系统的介绍

（一）医院的呼应信号系统

医院的呼应信号系统，包括：候诊呼应信号系统、护理呼应信号系统和医护人员寻呼信号系统三种形式。各类医院在设置信号系统时，可以根据医院的规模、等级、性质（专科医院还是综合医院）、医护水平等因素来选择采用哪种呼应信号系统。如果是大型医院可以设置分区呼应信号系统（每隔分区设一台中央控制机），小型的医院可以不设分区呼应信号系统。系统的控制机必须设置在医护站或值班中心。

1. 候诊呼应信号系统

在大型的医院内由于人员数量较多，要候诊、等待取药、等待化验结果等，为了保持医院的安静环境和人员的有序性，提高工作效率，应该设置提示的显示装置，这就是候诊呼应信号系统。它的组成原理框图如图 5-5。

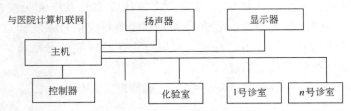

图 5-5　候诊大厅呼应信号系统

这是一个在医院中各种需要等待的大厅中使用的系统，如应诊病人等待诊断、化验结果报告的等待等。这个系统是由主机、控制器（有时控制器设置在主机的面板上）、扬声器、显示器和设置在化验室、各个诊室的分机所组成。

医护导引员通过控制器和各个分机的使用者进行联系，将其工作的进程进行相互通报。联系的方式由直接对讲式（直接进行语言的对话）和间接式两种（分机的使用人员将信号发送到主机上，导引员通过主机上的信号了解工作的进程）。医护导引员将通报的结果用显示器展示出来以提醒就诊人员注意，同使用扬声器通知应诊人员进行提前准备（排好的顺序）和导引应诊人员到指定的地点进行就诊或去化验等。另外，在显示器上也可以显示各个诊室实际的就诊情况，医生的人数、医生的个人资料（医生的姓名、职称、特长等）。在主机上也可以进行人数、时间的纪录和统计。

2. 护理呼应信号系统

护理呼应信号系统应用于医院的护理区内，作为沟通住院病人和医院的医护人员联系的途径。对病人的及时救治、病情的及时了解和及时解决病人的需求起到关键的作用。在现代的医院中得到广泛的应用，从而提高了医院的管理水平，使医院的服务达到了一个较高的标准。一般护理呼应信号系统图如 5-6 所示。

医院护理呼应信号系统有许多种类型，但无论是哪一种形式，都必须具有下列功能：

（1）随时随地地接受患者的呼叫并能准确地显示呼叫患者的位置、房间号、床位号等。

（2）患者呼叫时，医护人员的值班室必须有明显的声、光的提示信号，同时呼叫人员所在的病房门口应有提示的灯光闪亮。

（3）系统必须能够满足多路呼叫信号同时出现时，可以对呼叫者逐一记忆和显示。

（4）在有多个呼叫者同时呼叫时，对于特殊的患者应能保持其优先的呼叫权。

（5）在医护人员对呼叫者未进行临床处理时，呼叫者和值班室的显示信号不应停止。只有处理后，经医护人员对系统的复位后，信号才能停止，并为下一次做好准备。

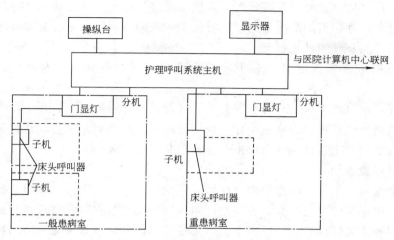

图 5-6 护理呼应信号系统原理

　　护理呼应信号系统由系统的主机、分机（包括门口显示装置）、子机（包括复位、对讲等装置）、大屏幕显示器、操纵台（有时操纵台设置在主机的面板上）和连接导线所组成。

　　系统的主机必须设置在医护人员的值班室处，系统的主机可以壁挂式安装也可以台柜式安装在工作台上。系统主机的功能可以根据实际的需要来设置和选择，如设置有记录和统计功能、可以双向通话功能、语言提示等功能。有些主机上设有位置的模拟显示器，可以方便地找到呼叫者的位置。另外，主机还有和医院的计算机中心连接的接口，作为医院信息化管理系统的一个分支。

　　系统的分机是为了将呼叫信号单元化，在一个病房间内有多个病床时，由于患者的病状基本相似，将其设置为一个单元。当呼叫信号出现时，医护人员可以准确地进行判断，从而大大地提高了管理水平，缩短了应诊的时间。由于分机上装设显示的灯光，在一般情况下，设置在已经划分好单元的病房门口的上方便于观察。在分机上设有和子机连接的接口，便于和子机连接。在分机的选择上，特别要注意分机的优先权的问题。装设在重患病室的分机要比专设在一般病室的分机有优先权。也就是说当重患室的分机呼叫时，其他分机要让开通道。分机安装的方式有普通式、防水式、悬挂式、嵌入式等形式。

　　子机应该设置在每个患者可以方便使用的地方，在子机上有呼叫按键和传声器以供使用。另外，在子机上设有复位按键，当呼叫信号发出后，医护人员接到信号到位就诊后，可以按下复位按键，这时子机恢复到原始状态，等待下一次使用。

（二）住宅、旅馆的呼应信号系统

　　住宅、旅馆的呼应信号系统组成的方式和工作原理和医院的呼应信号系统基本相同，在使用功能上除了满足一般的要求以外，还有着一些特殊使用功能要求。

1. 住宅呼应信号系统的要求

　　住宅呼应信号系统应该与住宅的保安监控系统相结合，有些使用功能上相同的装置可以由保安监控系统中的装置代替，以满足保安监控的要求为基准，辅助装设一些呼应装置。

2. 旅馆呼应信号系统的要求

　　对于一级至四级旅馆以及服务要求较高的酒店和宾馆，按其使用的条件和经济情况，设置不同等级的呼应信号系统。系统应该包括下列基本使用功能和内容：

(1) 呼应信号应该按照服务区设置，并能随时接收使用人员的呼叫，并且在总的服务台处准确地显示出呼叫者的房间号码，同时提供声光的显示，总台人员可以随时随地掌握各个服务区的呼叫和呼叫处理情况。

(2) 在总服务台的控制显示板上能够允许多路同时呼叫，并对呼叫者逐一纪录、显示。

(3) 当呼叫信号产生后，只有在服务人员进行处理呼叫后，提示信号方可以解除。

(4) 旅馆内应该设置睡眠唤醒功能，所谓的睡眠唤醒功能是指对住在旅馆的顾客将需要旅馆协助提醒的时刻告诉服务台，由服务台届时提醒住客。

三、无线呼应系统

无线呼应信号系统较之于有线的呼应信号系统，有呼叫范围大、呼叫准确、灵活、快捷等特点，但组成系统投资较大。在某些呼叫目标流动性较强的大型重要场所，可根据指挥、调度及服务需要，设置无线呼叫系统。无线呼叫信号系统分为无线播叫和无线对讲两种形式。

播叫接收机目前有字母数字显示式、数字显示式、播叫音式等数种，不同的播叫接收机对主机的系统配置要求均不同。

发射器、天线的设置数量及发射器与中央播叫台之间连接导线的最大长度不应超过设备规定限度。设计中，对发射器、天线数量的限制，主要基于主机的发射功率和基于线路衰减及连接导线的最大连接长度的限制。

无线对讲即无线电话，无线对讲比无线不播叫在通讯功能上又有很大提高，其设备投资也较高。无线对讲在高层大型综合建筑中的保安、机电维修、消防指挥等方面是必要的。

第三节 时钟和公共显示系统

一、时钟系统

我们在日常生活中所使用的时钟是属于独立使用的时钟形式，有机械式、石英式和液晶显示式等。机械式的时钟要靠人工的方式，利用弹簧储能的原理，事先将能量储存在发条上，利用发条逐渐地将能量释放从而带动时钟的正常工作。石英式和液晶显示式的时钟是以干电池为能源动力带动时钟的工作。由于干电池储备的能量有限，为保证时钟的正常工作，每隔一定时间要更换电池。

对于这些独立使用的时钟，由于时钟的表面积有限，其被观察面积也有一定的限制。若在一个大型的建筑中有多处需要观察时间，就要设置许多独立时钟。对于时钟来讲其误差值不是很大，但是每个时钟的误差综合在一起总的误差就加大了，这就造成了在一个建筑中使用的时间不统一。另外，每个时钟都要更换电池从而加大了工作量。若将许多时钟连接在一起，采用一个装置进行统一控制，保证每个独立的时钟所显示的时间是统一的，这样的系统称为时钟系统。

一般来讲，在对于时间有统一要求的场合，应该设立时钟系统。如中型以上的火车站、大型汽车客运站、航空港和海港客运的码头等。对于涉外的旅游宾馆还要设置世界时钟系统。

时钟系统的组成形式和工作原理十分简单，下面用框图的形式说明常用几种形式的时钟系统。

图 5-7 是几种常见的时钟系统。图中（a）是时钟系统的基本组成原理框图。该系统由电源部分、母钟部分和子钟部分所组成。电源部分是交流电源供给，时钟的工作电源是直流电源，所以要进行交流和直流的变换，这种变换是通过在时钟系统中的整流装置来完成。交流电源采用的是 200V，直流电源的等级可以是图中所示的 24V 或其他等级。为了保证时钟系统的工作可靠性，还设置了不间断电源装置（见图中的蓄电池）。城市供电和不间断电源装置两种电源是靠自动切换装置进行自动切换的，可见时钟的供电源具有一定的可靠性。母钟部分是系统的核心部分，母钟可以是机械式的也可以是石英式的，无论是哪种形式均要设置两台时钟（一台使用，另一台备用）。母钟要设置在一个便于管理和维修的房间内，在时钟系统中称为母钟站。由于时钟的重要程度和有些弱电系统相同，如电话、电视播放、计算机等，因此母钟站可以和它们共同使用一个房间。母钟的工作原理从图中可以看出，它是一个电子装置。在母钟系统中，还有一个子钟的调整装置，它的作用

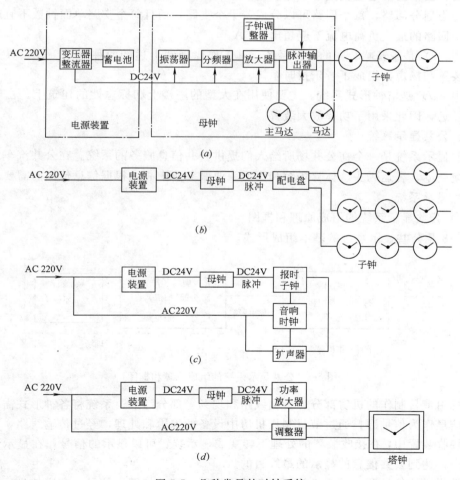

图 5-7 几种常见的时钟系统

（a）时钟系统的基本组成原理框图；（b）子钟数量较多时钟系统原理框图；
（c）带音响装置的时钟系统原理框图；（d）塔钟形式系统原理框图

是保证每个子钟在使用时所显示的时间同步。子钟也是一个基本的显示单元,它应该保证人们对时间准确观察。子钟的安装地点应根据使用要求,并与建筑专业配合解决建筑装饰等事宜。时钟视距可按表5-4选定。

时 钟 视 距 表　　　　　　　　表 5-4

子钟钟面直径（厘米）	最佳视距(m)		可辨视距(m)	
	室内	室外	室内	室外
8～12	3		6	
15	4		8	
20	5		10	
30	10		20	
40	15	15	30	30
60	…	40	…	80

图中（b）是子钟数量较多时钟系统。当使用的子钟数量较多时,可以将子钟分成若干个回路,图中的配电盘就是一个分线箱,它起到电源的分配作用。一般的子钟网络宜按照负荷能力划分回路,每个回路可以分成若干个支路,而且每个支路单面钟数不宜超出四面,每个回路的最大负荷电流不应超出0.5A。

图中（c）是带音响装置的时钟系统。其工作原理和上述的两种完全一样,只是采用了报时装置和扬声器组成了音乐报时系统。

图中（d）是塔钟形式系统。主要使用在大型的塔楼上和标志性的建筑上。由于传输的距离较远,因此采用了功率放大装置。

二、公共显示系统

公共显示系统是一个在公共场所给人们提供公共信息服务的系统。在公共汽车站、火车站、航空港、客运码头、体育场馆和大型商业服务业中心,根据信息传播的需要,设置公共信息显示系统。

（一）公共显示系统的组成原理和框图

图5-8是公共显示系统的基本组成形式。

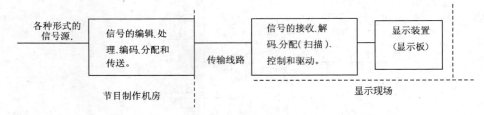

图 5-8　公共显示系统的组成原理和框图

系统由节目制作的机房部分、传输线路和现场等部分组成。系统将各种形式需要传播的公共信息作为信号源,通过节目制作机房中设备的编辑和处理,经过传输线路,传输到现场的接收装置中,在接收装置的处理下转变成显示装置可以显示的信号,在显示装置中显示出来,达到公共信息的显示的最终目的。

这里所说的信号源,是广义的,它包括许多种类型,如图形信号、文字信号、电视视频信号和电脑制作的动态三维图形的信号等。这些信号在各种公共场合都有应用,火（汽）车站、航空港、海港的客运码头中对车票发售、车次、座位、提醒进、出站等情况的文字公示，商场、商业、银行、金融机构发布的商品信息和数字信息等，公共广告牌上发布的公益广告的图形信息，在公共场所特别是等候区域（候车厅等），为了丰富人们的生活而播放的电视节目、录像节目、影碟等。

无论信号源有哪些不同的类型，都要转化成系统统一信号，这样才能便于传输和显示。而完成这项功能的是装设在节目制作机房的设备。设备所具有的功能是可以进行信号的编辑，对不同形式信号的处理、编码、分配、储存和发送。

传输线路是根据传输信号的性质来确定的，没有特殊的要求。

在需要接收信息的现场设有接收装置，它的主要任务是将传输的信号有效地接收过来进行解码、处理，进行数据重新分组，按照不同显示装置的具体要求进行扫描分配和驱动。

显示装置有许多种类型，它是系统的关键所在。它的类型确定了系统中所有的设备、信号的形式、发送接受的形式和系统所具有的功能。

（二）公共显示装置

一个无论是多大面积的公共显示装置都是由若干个显示器件所组成，现代显示技术的发展特别迅速，各种新的显示器件不断的产生、不断的完善。

1. 常用的几种类型显示器件和技术性能

目前使用的显示器件有许多种类型，为了认识它们并比较出它们的特点，将几种常用类型显示器件和技术性能列于表 5-5 中。

几种类型显示器件和技术性能表　　　　表 5-5

性能＼器件名称	白炽灯	等离子发光体	电子发光体	发光二极管	磁翻转	液晶显示板
显示方式	主动光				被动光	
色彩方案	单色		亚彩色			单色
亮度（cd/m²）	15000	30～50	30～3000	30～3000		
对比度	>20	>20	>20	10	20	20
响应时间	150μs	10μs	1～10μs	0.1μs	1～100ms	100～300ms
视角	150度	120度	120度	150度	150度	90～150度
电压（V）	24～220	200～300	60～300	3～5	5左右	3～10
电流（mA）	20～200	0.1	0.2	10～100	200左右	10^{-3}
电源种类	交、直流	高频	交、直流	直流	交流	直流
自然光环境	优	差	怕阳光	怕阳光	优	优
高背景光	优	差	良	较差	优	优
安装工艺	简单	严格	严格	较繁	较繁	严格
备注	近距效果差	怕潮湿	怕潮湿			远距离效果差

从表中可以清楚地看到常用显示器件的综合性能，在确定显示器件时，应根据使用的条件（室内或室外以及使用场合的温度、湿度等环境条件）、使用的要求（做文字显示或图像显示等），在充分衡量每个显示器件的光、电技术指标的条件因素的基础上确定。如表中所示，将常用的发光二极管（LED）和液晶（LCD）两种显示器件进行比较，前者亮度指标、对比度都不如后者，但是响应的时间前者却比后者快；前者怕阳光，通常不在室

外使用，后者却不怕阳光可以在室外使用；两者的价格、寿命、安装、分辨率等等都有差别。以上这些充分说明了在确定显示器件时，要考虑多方面因素的影响，才能准确地选择显示器件。

目前，在室外使用的大多数是液晶显示的显示屏，室内常用的是发光二极管的显示屏。本书仅对室内使用的发光二极管的显示屏加以介绍。

2. 发光二极管（LED）公共显示装置技术指标

用若干个发光二极管组合后，构成了公共显示装置。常用的几种指标有：

（1）主动光：在显示平面上的显示器件是发光器件，用主动光构成的显示方案称为主动光方案。对某些主动光方案来说，背景环境的亮度过高，会影响显示屏上的显示信息的效果。这种显示方案对环境光的照度值的上限要有一定的限制。

（2）被动光：在显示平面上的显示器件是不发光器件，用被动光构成的显示方案称为被动光方案。对于被动光方案来说，背景环境的亮度过低，会缩短有效视看距离，会影响显示屏上的显示信息的效果。这种显示方案对环境光的照度值的下限要有一定的限制。

（3）对比度：显示屏上信息的亮度和背景亮度的比值。

（4）视角：有效的视认宽度。

（5）分辨率：在一个可视的图像中，最小可以鉴别的度量细节。显示屏的分辨率叫做屏体分辨率。它是指在某个显示屏的屏体上像素的个数。

（6）像素：对于由发光二极管（LED）组成公共显示装置来说，每个像素是指单个发光二极管。室内使用的像素有圆形和方形两种，圆形像素规格按直径分为：$\phi3$、$\phi5$、$\phi8$、$\phi10$ 等，方形有 12×12 等。室外使用的有 $\phi15$、$\phi19$、$\phi26$ 等，方形则有 16×16、28×28 等。

（7）像素的密度：是指每平方米的显示屏上的像素点数。

（8）像素距离：每个像素之间的距离。

（三）显示屏的选择

公共显示装置的显示屏的大小，受到造价的限制，不能将它只造成像电视机屏幕那样具有几十万个像素点。作为公共显示用的大屏幕的像素可以达到几千个和几万个，为了使有限的像素高效地完成信息显示的任务，可以用单位像素排列成矩阵的形式，合理地处理好像素之间的距离就可以保证图像的清晰。一般来说，由矩阵组成的显示屏幕，其像素的距离是决定显示屏分辨率的主要因素。当然，不同的显示对象对分辨率的要求是不同的，同时对其他的技术指标要求也不同。在显示屏选择时需要根据用途来判断使用，作文字显示和画面显示的屏幕分辨率的要求是有所不同的。

1. 文字显示屏

作为文字显示屏，由于屏幕的像素点不能够很多，文字的笔划常由单排或单列像素点构成。为了保证文字的正确辨认，就必须在视认者在有效的视认距离内能够可靠的分辨各像素点。文字显示屏面板的尺寸可按照下列步骤进行：首先确定基本组字矩阵，汉字组字矩阵应与计算机汉字库组字的模式一样，然后根据视认的距离和分辨率，确定像素的间距，即确定文字规格。根据显示文字的排列要求及满屏最大文字的容量得出显示屏面板的尺寸。然后根据其他要求进行调整，最终确定组成屏面的像素点数和屏面尺寸。

2. 画面显示屏

作为画面的显示屏，特别要强调的是画面的整体效果，不能使视认者看到画面是由一个个像素点所组成。

（四）公共显示装置的控制、供电及接地

公共显示装置，均应实行计算机控制，必须要有可靠的清（屏）零功能，以保证不出现由于显示屏出现逻辑混乱时造成不必要的混乱。另外，显示器的亮度功能可以根据背景的亮度进行调节。显示装置的控制室应靠近显示装置并能看见显示器。

为了使用安全以及防止干扰，公共显示装置的供电电源宜采用通过隔离变压器进行供电。当电源为 TN 系统时，宜采用 TN—S 或 TN—C—S 方式供电。在功率分配上要做到三相平衡。

公共显示装置必须接地，接地装置可以和其他弱电系统共用也可以单独设置。但是当有多个显示装置时，他们的接地必须是在同一个接地系统中。

三、公共显示系统实际应用

下面是某个公司所设计的采用（LED）双基色显示屏的实施方案。

1. 系统功能

（1）显示屏由视频控制器、数据处理装置和一台电脑控制，电脑配备了几种可以完成需要功能的软件（不作具体的说明）。在电脑上显示的内容和屏幕同步。

（2）显示器为红 256 级灰度、绿 256 级灰度组成 65536 色阶。

（3）显示装置采用多媒体技术，集文字、动画、图像、电视、声音的制作、处理、编辑和播放于一体。

（4）文字的内容可以是汉字和西字，并配有多种字体，如仿宋、隶书、黑体等。

（5）图像可以有多种处理，如放大、缩小、旋转等。

（6）系统可以和计算机联网。

2. 方案介绍

（1）显示屏的像素采用 8×8 双色 $\phi 5$，点间距为 7.62mm 的模块。

（2）整个显示屏由基本单元板组成，每块单元板的尺寸为 488mm×244mm，在上面安装了 32 片 8×8 双色 $\phi 5$ 的像素模块。

（3）整个显示屏采用 24 块单元板，高的方向为 6 块、宽的方向为 4 块，显示屏的有效尺寸：高为 6×244＝1464mm、宽为 4×488＝1952mm。显示屏的有效面积为 2.858m^2。加上外框后实际的尺寸为高 1.614m，宽 2.102m。

（4）显示屏上有 192 行、256 列，共计 49152 个点像素。

3. 系统的性能指标

（1）红、绿各 256 级灰度，65536 色阶。

（2）像素的密度：17200 点/m^2。

（3）最佳视距：1.5～30m。

（4）耗电：0.3kW/m^2。

（5）电脑与屏体距离：≤100m。

（6）扫描速度：127 帧/s。

（7）视角：±60°。

（8）输入电压：220V。

本 章 小 结

　　声像节目制作和电化教学系统是扩声系统和电视系统综合应用的系统。它可以按照需要组成普通类型和专业类型的，但是无论是扩声还是电视系统的，除了满足本系统的技术指标外，还要求系统之间的同步和协调。

　　呼应信号系统是指以寻找人为目的的一种声光提示装置所组成的系统。它的组成形式、工作原理都很简单，在医院的使用中要注意对重病患者的优先使用权。时钟和公共显示系统是在大型公共场所使用的装置，在选择时特别要注意它的精度和可靠性。

复习思考题

1. 声像节目制作系统主要有哪些部分组成？
2. 对于系统中的一些主要设备在选择时宜满足哪些要求？
3. 护理呼应信号系统必须具有哪些功能？
4. 旅馆呼应信号系统必须具有哪些功能？
5. 常用的显示器件有哪些类型？每个种类的性能特点是什么？
6. 常用评价显示装置主要技术指标的具体含义是什么？
7. 常用的时钟系统由哪几种组成形式？每种的特点有哪些？

主要参考文献

1. 程大章主编. 智能建筑工程设计与实施. 上海：同济大学出版社，1996
2. 华东建筑设计研究院. 智能建筑设计技术. 上海：同济大学出版社，1996
3. 张端武编著. 智能建筑的系统集成及其工程实施（上）. 北京：清华大学出版社，2000
4. 刘国林主编. 建筑物自动化系统. 北京：机械工业出版社，2002
5. 张振昭，许锦标，万频. 楼宇智能化技术. 北京：机械工业出版社，1999
6. 罗国杰. 智能建筑系统工程. 北京：机械工业出版社，2000
7. 杨绍胤主编. 智能建筑实用技术. 北京：机械工业出版社，2003
8. 国家标准 GB 50200—94. 有线电视系统工程技术规范
9. JGJ/T 16—92. 民用建筑电气设计规范
10. 戴瑜兴主编. 民用建筑电气设计手册. 北京：中国建筑工业出版社，1999
11. 梁华. 建筑弱电工程设计手册. 北京：中国建筑工业出版社，2003
12. 中国建筑标准设计研究所出版的标准图册（有线电视系统、广播与扩声、智能化电气设计施工等图集）